案例： 圆角矩形工具制作图标

源文件路径: CH03>圆角矩形工具制作图标>圆角矩形工具制作图标.psd

案例： 自定义形状工具制作图标

源文件路径: CH03>自定义形状工具制作图标>自定义形状工具制作图标.psd

案例： 制作对话框

源文件路径: CH03>制作对话框>制作对话框.psd

案例： 制作选项框

源文件路径: CH03>制作选项框>制作选项框.psd

案例： 制作弥散阴影效果

源文件路径: CH03>制作弥散阴影效果>制作弥散阴影效果.psd

案例： 制作长阴影效果

源文件路径: CH03>制作长阴影效果>制作长阴影效果.psd

案例： 制作缺角阴影效果

源文件路径: CH03>制作缺角阴影效果>制作缺角阴影效果.psd

案例： 制作时钟图标

源文件路径: CH04>制作时钟图标>制作时钟图标.psd

案例： 制作火箭图标

源文件路径: CH04>制作火箭图标>制作火箭图标.psd

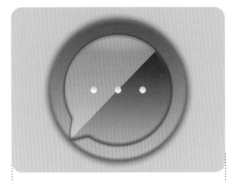

案例： 制作水晶质感按钮

源文件路径： CH04>制作水晶质感按钮>

制作水晶质感按钮.psd

案例： 制作调节按钮图标

源文件路径： CH04>制作调节按钮图标>

制作调节按钮图标.psd

案例： 制作描边卡通二

源文件路径: CH04>制作描边卡通二>制

作描边卡通二.psd

案例： 安卓手机扁平化风格主题界面

源文件路径： CH05>安卓手机扁平化风

格主题界面>安卓手机扁平化风格主题

界面.psd

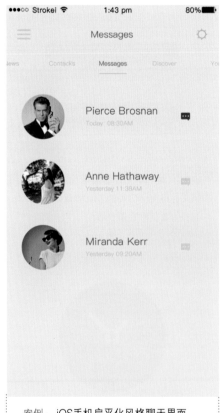

案例： iOS手机扁平化风格聊天界面

源文件路径： CH05>iOS手机扁平化风

格聊天界面>iOS手机扁平化风格聊天

界面.psd

案例： iOS手机扁平化风格对话窗口界面

源文件路径： CH05>iOS手机扁平化风

格对话窗口界面>iOS手机扁平化风格

对话窗口界面.psd

案例：照片制作社交App界面

源文件路径：CH05>照片制作社交App

界面>照片制作社交App界面.psd

案例：照片制作App登录界面

源文件路径：CH05>照片制作App登录

界面>照片制作App登录界面.psd

案例：美食主题App制作

源文件路径：CH05>美食主题App制作

>美食主题App制作.psd

案例：制作热门界面

源文件路径：CH06>制作热门界面>制作热门界面.psd

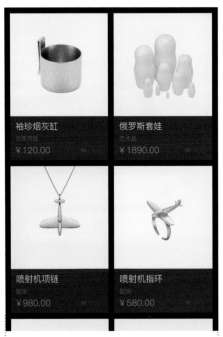

案例：制作商店界面

源文件路径：CH07>制作商店界面>制作商店界面.psd

案例：制作个人界面

源文件路径：CH08>制作个人界面>制作个人界面.psd

Photoshop
智能手机
App
图标和界面设计

附视频

互联网 + 数字艺术教育研究院 / 策划

钟淑平 江明磊 李素芳 / 编著

人民邮电出版社

北 京

图书在版编目（C I P）数据

Photoshop智能手机App图标和界面设计 : 附视频 /
钟淑平，江明磊，李素芳编著. -- 北京 : 人民邮电出版
社，2017.10（2018.6重印）
　ISBN 978-7-115-45621-2

　Ⅰ. ①P… Ⅱ. ①钟… ②江… ③李… Ⅲ. ①移动电
话机－应用程序－程序设计 Ⅳ. ①TN929.53

　中国版本图书馆CIP数据核字(2017)第098211号

内 容 提 要

　　本书全面系统地介绍了用 Photoshop CS6 制作 App 图标和 App 界面的设计方法和处理技巧，首先阐述了 App 是什么和 App 的开发过程，然后讲解了图标的设计规范、界面的设计规范、界面的构成组件、如何搭配颜色等理论知识，最后使用案例详细讲解该如何制作不同风格的图标、不同风格和不同主题的界面，内容涵盖了 App 制作中的软件基础和设计技巧。全书以"先理论、后案例"的形式进行编写，包含 44 个案例（34 个基础案例和 10 个商业案例）：每个基础案例均包含设计思路和详细的制作步骤；每个商业案例都有明确的制作提示。

　　本书不仅可作为普通高等院校相关专业的教材，也适合有志于从事 App 设计、UI 设计等工作的人员使用。

　◆ 策　　划　互联网+数字艺术教育研究院

　　　编　　著　钟淑平　江明磊　李素芳

　　　责任编辑　税梦玲

　　　责任印制　陈　犇

　◆ 人民邮电出版社出版发行　　北京市丰台区成寿寺路 11 号

　　　邮编　100164　电子邮件　315@ptpress.com.cn

　　　网址　http://www.ptpress.com.cn

　　　北京市雅迪彩色印刷有限公司印刷

　◆ 开本：880×1230　1/20　　　　彩插：2

　　　印张：15　　　　　　　　　　2017 年 10 月第 1 版

　　　字数：593 千字　　　　　　　2018 年 6 月北京第 2 次印刷

　　　　　　　　　　　定价：79.80 元

读者服务热线：**(010)81055256**　印装质量热线：**(010)81055316**
反盗版热线：**(010)81055315**
广告经营许可证：京东工商广登字 20170147 号

PREFACE

前 言

移动设备已经成为目前人们生活中不可或缺的电子产品，为了让用户能够更好地体验移动生活，各种App应运而生。但App设计不仅考验设计师的美学设计功底，还考验设计师交互体验的设计能力，因此需要系统的学习。

本书内容

本书是针对有一定Photoshop操作基础，有意向从事App设计、UI设计等工作的读者编写的专业教程。在内容上，本书涵盖了业内各种图标和界面的标准规格参数、图标设计、界面设计、风格设计、主题设计，并讲解了在Windows、Android和iOS三大系统中进行App设计的区别。除此之外，本书还以商业设计为例，选择了影音、电商和社交这三大类App，分别制作了成品页面来帮助读者掌握完整的App页面设计流程。全书分为8章，并提供了一个附录。

1 进入App的世界：主要介绍App的相关概念，让读者理解什么是App，讲解了App的获取方式、App的运行系统和App的类型。通过本章的学习，读者可以对App有一个全面的认识。

2 App设计基础：主要介绍App的界面组成、界面设计规范、图标设计规范、配色方案、用户体验和常用设计软件。这些都是App的设计要点，请读者务必掌握，以备后面的实践学习。

3 使用Photoshop创作App：本章开始引导制作简单的App组件和效果，让读者掌握App设计中每个模块的制作方法，以便全面地掌握App设计。

4 不同风格的App图标设计：主要介绍App图标设计的三大风格，包括扁平化风格、拟物化风格和卡通风格。其中，扁平化风格可以说是业内比较主流的一个风格。

5 不同风格的App界面设计：主要介绍App界面设计的三大风格，包括扁平化风格、拟物化风格和真实照片界面风格。与前一章不同的是，本章注重的是整体界面效果，整体界面效果最能直观反映App的设计水平。

6 影音App：本章完成了一个影音App的整体设计，内容包括登录界面、主界面、热门界面和筛选界面设计。

7 电商App：本章完成了一个电商App的整体设计，内容包括主界面、商店界面、商品界面和购物车设计。

8 社交App：本章完成了一个社交App的整体设计，其界面相对简单，包括个人界面和主界面。

附录： 提供可用于共享的App设计相关的网站资源、图标资源和图片资源等。

本书特点

为了能让读者熟练地掌握App设计，本书特意在界面章节中加入了"设计分析"栏目来帮助读者理解界面制作，同时，还结合内容将案例分为不同的部分，如"效果区分"、"风格区分"和"主题区分"，最后通过"成品案例"来引导大家制作成品界面。

设计分析：在进行界面设计时，会根据风格和主题的不同来进行界面设计，"设计分析"将告知读者为什么这样设计，这样设计的好处是什么，以拓展读者的设计思路。

效果区分：本书将常用效果和App的组件进行了拆分讲解，方便读者后期搭配使用。

主题区分：在进行界面设计时，加入了以主题为区分制作的各种画面，帮助读者理解不同主题的制作特点和特色。另外，本部分内容配合设计分析，可以帮助读者在面对主题界面需求时，有很好的自主制作能力。

成品案例：以影音、电商和社交三大主流App为例设计了3款不同的App界面，并将这3款App的主要界面作为重点内容，进行了详细的分步演示操作，帮助大家理解真实的线上App效果的制作方法。

扫码观看视频：本书的案例都配有教学视频，读者通过手机扫描书中的二维码即可观看相关案例的教学视频。

设计分析　　　　效果区分　　　　　　　　　　　　主题区分　　成品案例　　扫码观看视频

附赠资源

为了方便读者线下学习和教师教学，本书提供了书中所有案例的资源文件和PPT。读者可以登录www.ryjiaoyu.com下载，也可以扫描封底的二维码进行下载。

资源文件：本书案例的素材和最终完成文件。读者可以直接打开它们来进行相关操作和查询相关参数。

制作热门界面.psd　　　　　　制作热门界面素材.psd

PPT：与全书配套的PPT教学课件，老师可以直接用于教学使用。

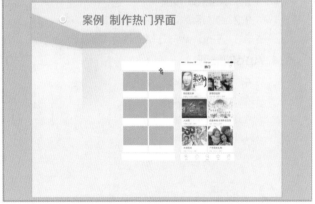

致　　谢

本书由互联网+数字艺术教育研究院策划，由钟淑平、江明磊、李素芳编著。另外，荣波也参与了部分章节的编写工作，在此表示感谢。

编者

2017年8月

CONTENTS

目 录

4

不同风格App图标设计

5

不同风格App界面设计

CONTENTS
目 录

进入 App 的世界

了解什么是App
了解App的开发过程
了解运行App的平台
了解App的类型

1.1 初识App

当我们学习制作App时，需要对App有一个总体的了解。首先，我们要了解什么是App；其次，我们还需要了解App的开发过程。带着这些疑问，我们将去认识App的世界。

1.1.1 什么是App

App是英文Application的简称，中文翻译为应用程序。应用程序是指安装在各种设备上的软件，这些软件可以用自身的功能来完善原始操作系统的不足，以满足用户各种个性化的需求。

曾经，App主要用于泛指智能手机上的各种应用程序，但是随着智能设备的更新换代，现在App不仅用于表示智能手机上的应用程序，也用于表示各种Pad（平板电脑）和可穿戴设备中的应用程序，比如Apple Watch（苹果智能手表）和Google Project Glass（谷歌眼镜）中的应用程序。正是因为这些设备的问世，为App的开发和应用提供了无限大的空间。

苹果的iPad

三星的安卓Pad

苹果的Apple Watch

谷歌的Google Project Glass

1.1.2 为什么开发App

　　App主要是基于各种手机操作系统开发的应用程序。随着移动互联网的迅猛发展和移动设备硬件的不断优化，各种设备的能力越来越强，加上各种辅助设备的添加，如触摸屏、CPU和重力感应器等，都为App的开发提供了良好的环境。

　　下面我们来看一组数据，从2008年苹果发布基于iPhone的应用开发包开始，仅仅四个月内，App Store（苹果应用商店）中可供下载的应用达到了800多个，而下载量更是达到1千多万次，从此开始，App的开发市场就迈入了一个高速发展的阶段。下面我们来了解一下App的各种优势，这些优势诠释了为什么App的开发能生生不息。

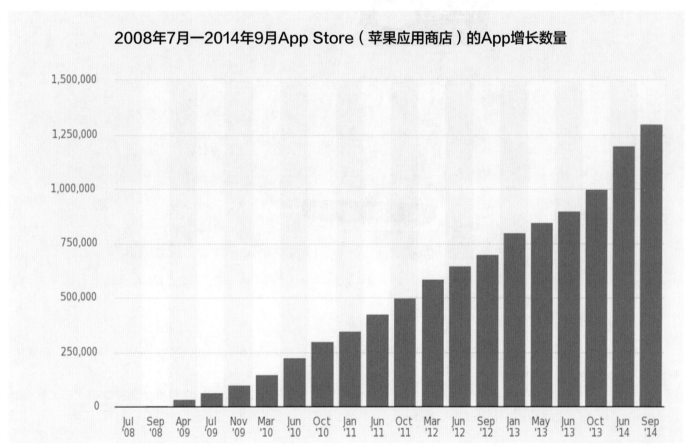

苹果App数量增长趋势图

App满足用户

　　App的各种应用程序能在短时间内迅猛发展，主要归功于它满足了当今社会发展和生活中的各种需求，比如社交、地图导航、网购支付、通信和查询资讯等。

App方便用户

App的各种功能带来的用户体验主要是方便和实用，在以前，人们只能通过传统媒体，如报纸、杂志和电视等，来查询资料或了解最新资讯，而如今，这种被动接受信息的查询方式已经不能满足用户的各种需求和生活节奏，因此，能够自主查询信息的App就很自然地接替了这些传统的媒体。

1.1.3 App的开发过程

无论是在苹果的App Store上，还是在谷歌的Play Store上，人们总能发现无数创新独特的移动App不断地横空出世，但这并不表示开发设计一款App是件容易的事。

在开发设计之前，你需要构思商业模式，思考App提供的核心价值，这是开发设计App前必须要思考的问题；当明确了App的核心价值和商业模式后，你才应该去分析如何开发设计出这一款App；最后，你要做的才是工作分配。下面具体介绍开发一款App的整个流程。

明确核心价值

在开发设计一款App之前，你首先需要思考：App的应用目标群体是谁？App是用来做什么的？App的核心优势是什么？在这些抽象的思考中，首先，你需要对每一个想法进行分析，评估它们的可行性；其次，将你认为可行的想法一步步地拆分细化；最后，将它们分解成一个个明确需求的功能，让这些功能在App中得到转化和实现。

设计产品原型

　　在你有了明确的构想和需求以后，就需要将构想好的各个App功能添加到你的产品原型设计中。首先需要对整个页面和布局进行初始设计，然后根据各个页面的跳转关系，设计出不同的用户界面，最终将App的各个界面输出成原型设计图。

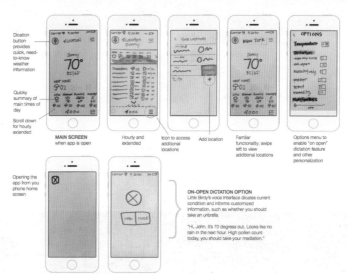

App的设计原型图

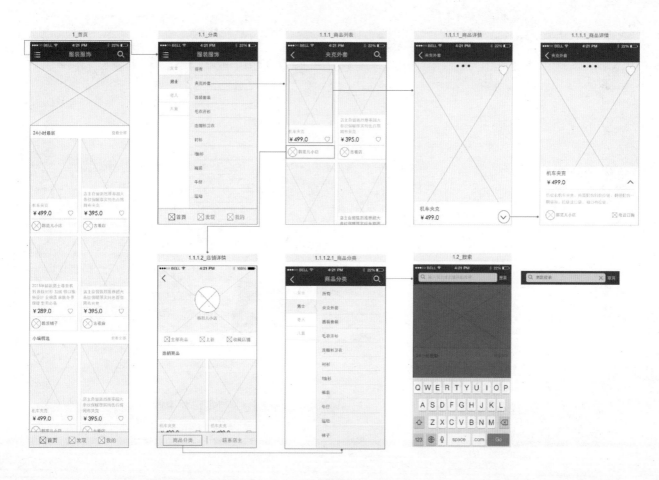

设计用户界面

　　在拿到原型设计图后，以界面美观和操作便捷为前提，UI设计师将对原型页面进行UI界面的配色和内容设计，并设计出能带给用户良好使用体验和界面精美的最终高保真设计效果图。此时的最终高保真UI效果基本上就是App安装在移动设备上的页面效果。

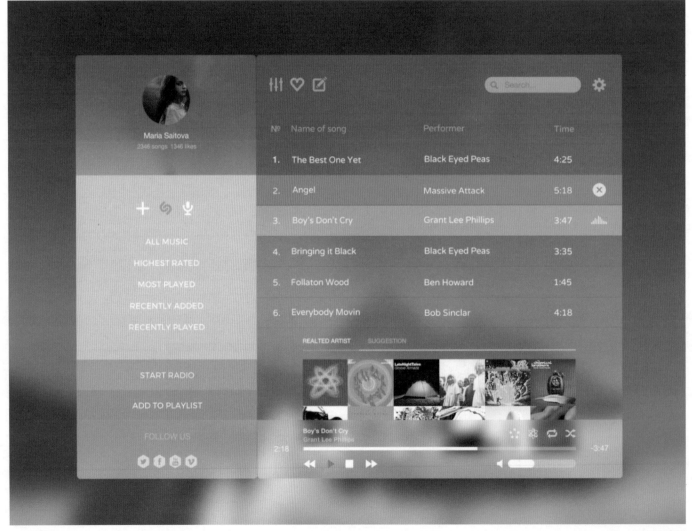

App的精美界面

在进行界面设计的时候要多思考，使商业化的App人性化，既简洁又方便操作。拥有符合用户习惯、能让用户迅速上手的界面的App才能称为一款优秀的App。

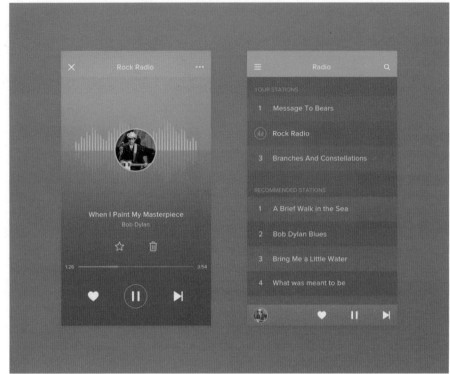

人性化的商业App

编写程序代码

设计好用户界面以后，开发工作人员会根据App的各个UI界面效果图对App进行功能和界面的开发。

测试程序问题

在App开发工作完成以后，测试人员会对整个App的功能进行反复的测试，如果发现其功能存在问题，测试人员和开发人员会在同一时间进行更改，做到及时发现，即时更改，以缩短整个App的开发周期。

输出应用程序

在经历了最初的构思、原型的设计、界面的设计、程序的编写和程序的测试以后，我们就可以生成App了。

1.2 App的获取途径

App经过一系列的设计、开发和编程后，都会流向同一个目的地，那就是App应用商店。应用商店从本质上说就是一个巨大的平台，主要用于展示和下载各种设备的应用程序。那应用商店是如何诞生的呢？在智能手机出世以前，手机普遍屏幕小、分辨率低、处理能力低，在手机上基本只能运行一些简单的程序，而在智能手机诞生以后，随着各种App的制作和推广，市面上渐渐地出现了各种应用商店。

随着硬件的不断提升和网络的飞速发展，各式各样的App应运而生，也导致应用商店这一市场立马受到了各大主流系统生产商的高度重视，比如苹果iOS系统的App Store（苹果应用商店）、谷歌的Google Play store（谷歌应用商店，前身为Android Market，也就是安卓应用市场）等。除此之外，由各大手机生产商针对安卓系统而优化出的操作系统，也推出了自己的应用商店，比如由小米手机生产商推出的小米应用商店、由魅族手机生产商推出的魅族应用中心等。接下来就这几大应用商店做一个详细全面的介绍。

1.2.1 苹果应用商店

　　苹果应用商店是苹果公司提供给软件开发个人或者大型公司，用以发售他们基于iPhone、iPad和iPod Touch开发的应用软件的网上商城，英文为Application Store，又称为App Store。另外，苹果应用商店向iOS用户提供第三方应用软件服务，这是苹果开创的一个让网络与手机相融合的新型经营模式。

　　智能手机从一种高端电子产品逐渐成为人们的日用品，除了基本的语音通话和短信功能外，智能手机还需要满足用户的其他需求。iPhone的推出，让苹果的iOS系统和App Store（苹果应用商店）迅速打开市场，用户可以从应用商店下载免费的软件或者购买付费软件到自己的Apple设备中。注意，基于iOS系统开发的App必须要上传到苹果应用商店后才能被用户下载。

苹果的App Store

　　若想在苹果应用商店下载App，可以直接在iPhone、iPad或iPod Touch中进入App Store进行下载；如果想在计算机上进行软件下载，必须通过苹果的官方应用iTunes进行下载。

　　相对于国内的部分安卓应用商店，苹果应用商店的优势在于上传到App Store的软件都会经过苹果官方的严格审核，这样就保证了应用软件的安全性。对于苹果的不同机型，苹果官方都会要求开发者对不同机型做出不同的适配，为用户提供最佳的使用体验。对于开发者来说，苹果提供的巨大市场，让开发者从中获利，这种保证三方受益的方式是这个应用商店日益强大的基础。

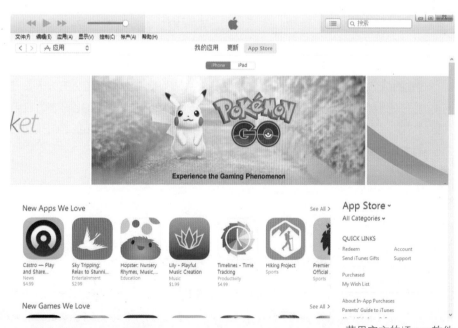

苹果官方的iTunes软件

1.2.2 谷歌应用商店

　　Google Play（谷歌商店）原为Android Market（安卓市场），是由谷歌为安卓设备开发的在线应用程序商店。一个名为"Play Store"的应用程序会预载在允许使用Google Play的手机上，让用户可在Google Play上浏览、下载和购买第三方应用程序。2012年3月7日，Android Market服务与Google Music、Google 图书和Google Play Movie集成，并更名为Google Play。

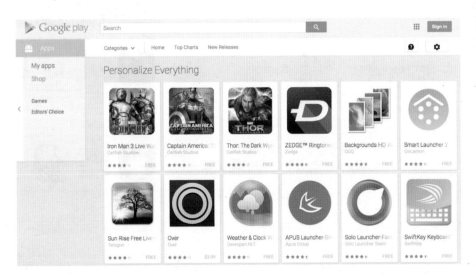

谷歌的Google Play

　　现在的Google Play已经没有了所谓的"开放性"优势，因为谷歌会对开发人员提交的程序进行严格的人工审查，所以现在这种所谓的"开放性"只是针对于国内一些鱼龙混杂的安卓应用商店。现在的谷歌官方应用商店和苹果应用商店一样，官方会对应用进行严格的审核，只会上架正版的应用，而且Google Play也会针对于不同系统的CPU进行兼容性优化，也就是说，Google Play和App Store具有同样的功能和优势。

1.2.3 小米应用商店和魅族应用中心

　　除了市面上最大型的两家应用商店以外，国内很多手机品牌基于自己的系统也制作了专属于自己品牌的应用商店，比如，小米的小米应用商店和魅族的魅族应用中心，这些都是手机品牌基于自己的安卓系统定制的应用商店，这些应用商店和苹果以及谷歌的应用商店有同样的优势，对软件的安全性有一套标准的审核系统，对自身的机型也做了针对性的优化。

小米的应用商店

魅族的应用中心

　　除此之外，还有其他的一些安卓应用商店，它们虽然具有"开放性"，下载方式灵活，但是对用户的安全性却没有任何的保障，用户在损失了利益以后也完全无从追究责任。

1.3 运行App的三大系统

在学习设计App之前，我们首先需要了解App是在什么平台上运行的。在早期App的主流运行系统有：Symbian（塞班）、Blackberry（黑莓）和Windows Mobile（微软手机系统）。这3款智能手机系统的问世打开了一个全新的平台，让人们意识到手机也可以如此智能。

Symbian（塞班）

Blackberry（黑莓）

Windows Mobile（微软手机系统）

但是从2007年开始，苹果推出了只运行自己软件的iPhone系列手机，手机上运行的系统就是iOS系统，Google也推出了自由框架式的Android（安卓）手机操作系统。这两款操作系统凭借强大的优势，迅速占领了手机市场的大部分份额，将Symbian和Blackberry这两款系统的手机挤出了主流市场，而Windows Mobile凭借着微软的优势，在发展到Windows 10 Mobile后，勉强能在智能手机市场中占一席之地。

iOS系统

Android（安卓）系统

Windows 10 Mobile系统

那么Symbian这种曾经辉煌的操作系统为什么会在短时间内就没落被淘汰呢？虽然其App的特性占了很大一部分的因素，但主要还是由于Symbian系统的开放性差，没有提供任何开放平台给第三方的App的开发者。在为开发者提供了开放式平台的iOS系统和Android系统面前，Symbian系统就显得非常笨重。另外，相对于开发简单的iOS和Android系统来说，Symbian系统的App开发难度也非常高，这些因素就导致了开发者蜂拥而至地转向iOS系统和Android系统。

在尝到了iOS系统和Android系统带来的可观收入这一甜头以后，越来越多的App开发者加入了开发iOS系统和Android系统App的行列。当固步自封、后知后觉的Symbian在回过神准备开放自己的Symbian系统时，已经没有多少开发者愿意为这一款笨重的系统开发App了，而Symbian在失去第三方的App市场时，也丢失了自己的用户，这也造成了曾经的手机神话——诺基亚在一夜之间瞬间崩塌的局面。

Symbian系统的没落是令人惋惜的，但是正是因为Symbian系统的没落，我们才有幸体验到更加精彩的手机系统。下面将介绍因为App开发而迅速崛起的两款操作系统——Android系统和iOS系统，以及正在努力转型的微软Windows 10 Mobile系统。

1.3.1 Android系统

Android是谷歌开发的一款自由及开放源代码的操作系统，主要适用于各种智能设备，如智能手机平板电脑，甚至电视和汽车也被安装上了Android系统。

安卓机器人和搭载Android系统的手机

Android在最新的设计中，采用的是一种叫作Material Design（质感设计）的全新设计语言。Material Design的设计核心是将物理世界的体验带进屏幕，去掉现实中的杂质和随机性，保留其最原始纯净的形态、空间关系、变化与过渡，配合虚拟世界的灵活特性，还原最贴近真实的体验，以达到简洁与直观的效果。谷歌表示，这种设计语言旨在为手机、平板电脑、台式机和其他平台提供更一致、更广泛的外观和体验。

Material Design的设计原理

Material Design并没有完全抛弃Google在设计上取得的成果，只是如今更加倾向于用色彩来提示用户。当我们按下屏幕当中的按钮时，可以看到按钮颜色迅速地发生变化，像石头投入湖面，产生了一波涟漪。目前，最新的Android系统采用的是一种新的Material Design设计风格，这套设计对 Android 系统的桌面图标及部件的透明度进行了细微的调整，并且各种桌面小部件也可以重叠摆放。虽然调整桌面部件透明度对 Android 系统来说并不算新的功能，但是融入透明度的改进，加入五彩缤纷的颜色、流畅的动画效果，界面呈现出一种清新的风格。这种设计的好处是可以统一Android 设备（手机、平板、多媒体播放器）的外观和使用体验。

最后，希望大家注意：各大手机品牌所谓的自主研发的系统，比如小米的MIUI、魅族的FlymeOS和OPPO的ColorOS等，这些系统都是基于Android为核心将系统进行一些界面上的优化，利用设计来体现自己的产品特色，其本质与Android系统并没有区别。

谷歌Android 6.0原生系统手机

1.3.2 iOS系统

iOS是苹果公司开发的移动操作系统。这款系统最初是设计给iPhone使用的，后来陆续使用到iPod Touch、iPad以及Apple TV等产品上。原本这款系统名为iPhone OS，因为iPad、iPhone、iPod Touch都使用iPhone OS，所以后来苹果公司宣布将其改名为iOS。

搭载iOS系统的iPad和iPhone

iOS系统在最近几个版本的更新中，抛弃了以往的拟物化设计，采用了全新的扁平化设计。苹果公司在重新思考 iOS 的设计时，更希望围绕 iOS 中深受人们喜爱的元素，打造一种更加简单实用而又妙趣横生的用户体验。最终，苹果公司优化了 iOS 的工作方式，并以此为基础重新设计了 iOS 的外观。之所以这样做，是因为能够服务于体验的设计才是出色的设计。

iOS系统软件界面

从iOS7至今，苹果公司的设计一直带有一种化繁为简的思想：它改变了很多应用和图标华丽的外表，而是代以简约、平实的风格，仅有些对比色或者色彩渐变效果；整个界面以圆为主要设计，背景与此前的淡蓝色或灰色不同，几乎是纯白色；主页上的应用带有平行视差效果，将手机倾斜会出现仿佛能看到应用背面的效果；半透明效果也是一个较大的设计变化。这种设计理念不断地影响着现在的App风格。

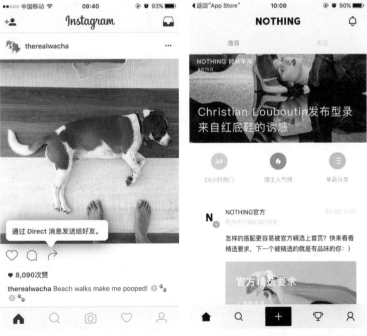

简洁设计感的软件界面

1.3.3 Windows 10 Mobile系统

Windows 10 Mobile是微软最新发布的一款手机操作系统，这款系统的初始版本被命名为Windows Phone 7，需要注意Windows Phone 7和Windows 7并没有任何联系，最初它将微软旗下的Xbox Live游戏、Zune音乐与独特的视频体验集成至手机中，但是这款系统因为面世较晚而缺乏第三方开发者的开发。

如今这款曾用名为Windows Phone的系统已被改名为Windows 10 Mobile，属于Windows 10系统中的一个版本分支。这样的改动使得微软的PC（个人计算机）、平板电脑、智能手机都能使用相同的App应用商店。微软的这一改动是为了弥补之前因操作系统App资源相较于iOS系统和Android系统的匮乏而导致的没有市场竞争力的不足，通过Windows 10系统的开发和设计，微软希望改变因为App资源落后的状态，从而获得手机市场的竞争力。

Windows 10系统下的笔记本电脑和手机

Windows Phone系统在过去的版本中采用的是一款叫作Metro UI的设计语言，Metro UI的设计精髓在于平衡，让交互变得更简单、更易懂，所以色块、主标题和图标之间的排版就成了最重要的搭配。而最新的Windows 10 Mobile采用的是Windows 10通用应用设计，大范围地去掉了Metro设计元素，加入更多的线性图标、居中分布、圆形和分割线等元素，可以说Windows 10正在逐渐向着iOS和Android的扁平化风格趋于统一。除了顺应主流以外，微软也在利用这种设计风格有意地让更多的开发者将他们的App更多且更方便地移植到Windows 10 Mobile系统上。

1.4 App的类型

在移动互联网高速发展的同时，移动手机App产品层出不穷，越来越多的企业和开发者加大了人力、财力的投入，这让App的开发行业在短短的几年时间里，由鲜为人知发展到如火如荼。

在这个充满各方企业和App开发者团队的移动互联网时代，各类App占据了各大应用市场，如美图类、社交类、办公类、地图类、新闻类、理财类、影音类、电商类和音乐类等，App要想赢得用户的下载和软件用户的认可度，还需要企业和App开发者更加努力，开发出体验更佳、更符合用户需求的App产品，下面就来了解几种不同类型的App。

1.4.1 影音类App

随着智能手机和各种媒体的全面普及，我们经常可以看到人们在上下班途中，拿着手机、戴着耳机专心致志地欣赏视频，借此方式消磨上下班路上的漫长时光，虽然他们观看的内容不尽相同，可能是美剧、英剧或综艺等，但观看视频都会用到影音类App。目前，影音类App已经成为智能手机上非常重要的一类应用。

在设计影音类APP时，用户搜索功能、观看时的用户体验和播放界面是关键的设计要素，现在的影音类App绝大多数都是采用较为直观的界面设计，用户通过图标一眼就可以看出各个按钮的功能，界面不会添加一些多余且浮夸的设计。

爱奇艺App播放界面

优酷App播放界面

1.4.2 电商类App

与用户息息相关的电商类App已经逐渐被用户接受，传统电商平台移动化趋势明显，大家也十分看重这种商业模式，这类App也蕴藏了更多的商机。电商类App在界面设计上都会有一些共性供大家参考：清晰的视觉传达是设计这类App时必不可少的设计准则，高效率的搜索能力和浏览体验是其功能体现，简单方便的支付界面和售后服务不仅可以让用户有良好的购物体验，还能提高App的口碑。

淘宝App界面

必要App界面

1.4.3 社交类App

目前移动社交App市场可谓百花齐放，在移动平台与好友互动、结交新朋友已成为普遍现象。根据对手机App市场的调查显示，超过八成的手机用户会在日常生活中使用到社交类App，这充分说明社交软件已经成为移动终端消费者的主要应用程序，并会有越来越多的人使用移动终端来满足自己的社交需求。

在设计社交类App时一定要注意针对不同的使用群体设计不同的交互界面，比如腾讯的两款社交软件——微信和QQ，微信有86%的用户集中在18~35岁，所以其设计更偏稳重和成熟化；QQ作为一款兼容人群广而定位为娱乐化的社交类App，在设计上更趋向于个性化和活泼。

微信App界面　　　　　QQ App界面

1.4.4 音乐类App

音乐作为用户生活中必不可少的一味调剂品，音乐类App也成为了各大音乐公司的兵家必争之地，这导致了音乐领域的竞争变得异常激烈，也衍生出了许多为用户定制的音乐软件，用户可以通过软件实现音乐的在线收听、下载和离线收听等相关音乐服务。

音乐类App更应在设计上下足功夫，才能够吸引到用户的使用。使用音乐类App的用户大多是年轻人，他们追求个性和时尚，因此，在设计音乐类App时更应有新颖的创意，设计出足够精致和个性的界面来吸引用户。

豆瓣FM App播放界面

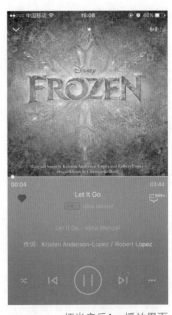

虾米音乐App播放界面

2

App 设计基础

了解App的界面构成
了解App的设计规范
了解图标的设计规范
掌握色彩搭配方法

2.1 App的界面构成

在学习设计App前，我们需要了解App在设计上的独特之处。现在的智能设备，无论是手机还是平板电脑都抛弃了按键而采用可触式屏幕，以增加操作的便捷性，因此，App的设计也遵循可触式操作的原理，比如虚拟的触屏键盘、触屏即可滑动内容、触屏即可拉动目录导航栏等，这些设计都是以触屏操作为主，目的都是让用户拥有优质的用户体验。下面将详细介绍App的构成和各模块的功能。

设计精美的App

2.1.1 状态栏

状态栏中常包含通信信号、运营商、无线网和电量等的状态显示，一般置于界面的顶部。注意，状态栏是手机自带的功能，通常会显示在App界面内，供用户操作。

2.1.2 导航栏与菜单栏

　　App除了功能上的实现，最主要的目的还是让用户能有一个优质的用户体验，因此，在设计导航栏时，一定要遵循外观简洁、操作直接、定位精确的原则，让用户能够使用导航栏快速高效地浏览并使用App的各项功能。

App导航菜单样式

　　App的导航菜单有很多种类型，这些导航方式不一定是单独存在的。如果App的内容比较复杂，就会混合其多种导航菜单。在设计导航栏时，应该根据App的特色去选择适合的导航菜单来搭配组合。

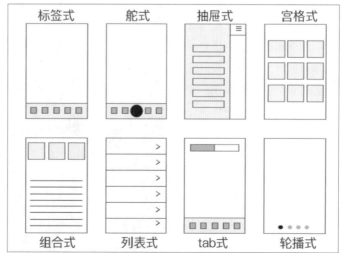

常见的导航菜单样式

2.1.3 内容区域

内容区域包含App提供的主要内容，它是布局中更改最为频繁的一个区域，也是更改后效果最为直观的一个区域。

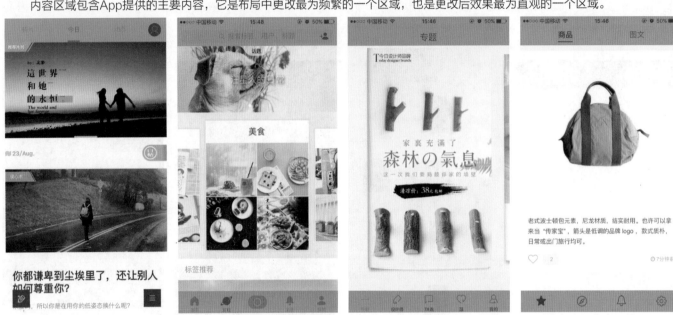

App的内容区域

2.1.4 虚拟键盘

虚拟键盘顺应了智能手机的需求，代替了实体键盘。App中的虚拟键盘主要用于供用户输入内容，因此在设计上满足操作方便即可。

2.1.5 简化操作

本小节中的内容是一个设计经验的分享。在App设计中，简化操作是用户体验中非常重要的一个环节，设计师可以通过设计来简化操作步骤，最大限度地优化用户体验，比如滑动解锁、图案解锁和滑动删除等，这些看似简单的设计却给用户带来了很多操作上的便捷。

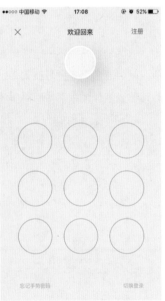

简化操作设计

2.2 App界面设计规范

在设计App时，需要对各种参数进行一个合理的设置。本节将带领大家了解一下App中各个参数的实际意义和设计规范，在掌握了它们以后，相信大家会对App的设计有一个更精确的掌握。

App界面

2.2.1　手机屏幕尺寸

屏幕尺寸和屏幕分辨率是两个部分。

屏幕尺寸是指屏幕的实际大小，也就是手机对角线的物理尺寸，单位是英寸（英寸和寸是不同的），比如iPhone4/5/5S的尺寸是4英寸，iPhone6的尺寸是4.7英寸，iPhone 6 Plus的尺寸是5.5英寸。

苹果手机各型号尺寸

2.2.2 手机屏幕分辨率

在介绍手机屏幕分辨率之前，先解释一下像素。1像素可以理解为一个有颜色的正方形格子，多个像素组合在一起就变成了一幅完整的画面。注意，像素是分辨率的尺寸单位，单位符号为px，为了方便读写，会在数值和像素之间用"个"字隔开，即1像素=1个像素。

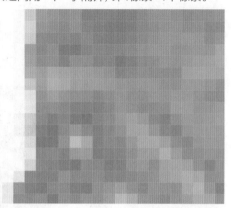

将图像无限放大后的局部像素

屏幕分辨率是指手机屏幕上的像素点数，比如720px×1280px的分辨率，就是指在屏幕横排上可以显示720个像素，竖排上可以显示1280个像素，两个相乘，表示共有921600个像素。假如这里有一个屏幕，不管它的物理尺寸是多大，也许有一整面墙那么大，或是只有你的手机那么大，只要它的分辨率是720px×1280px，它就只能显示921600个像素。所以在屏幕很大，而分辨率又不够的情况下，就需要较大的像素格来填充满整个屏幕，导致屏幕看起来很模糊。

同一分辨率不同尺寸下的图像

因此，一个尺寸为7英寸、分辨率为720px×1280px的手机屏幕，肯定不会比尺寸为5英寸且同分辨率的手机屏幕的显示效果精确细腻。

2.2.3 手机像素密度

像素密度也就是Pixels Per Inch，简称PPI，表示每英寸所拥有的像素数量，因此PPI数值越高，屏幕就能够以越高的密度显示图像；密度越高，图像的拟真度就越高。注意，PPI不是提前设定好的，它是由屏幕分辨率和物理尺寸决定的，即屏幕分辨率宽的平方加上高的平方之和，然后开根号，再除以屏幕尺寸，公式见右图。

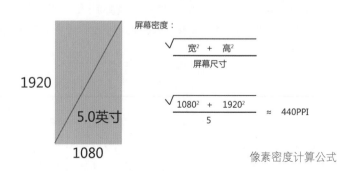

$$\frac{\sqrt{宽^2 + 高^2}}{屏幕尺寸}$$

$$\frac{\sqrt{1080^2 + 1920^2}}{5} \approx 440PPI$$

像素密度计算公式

在Photoshop中也有分辨率的设置,简称为DPI,表示每英寸中的打印点数,它和像素密度完全不同,其设置值主要取决于输出设备,一般情况下,72dpi就能达到显示器的最高输出,但是300dpi才能达到印刷清晰的效果,因此可以将300dpi理解为印刷分辨率。大家在学习的时候,一定要记住这两个数值的区别,不要混淆。

同一分辨率不同尺寸下的图像

2.2.4 常用的屏幕分辨率

下面介绍常见的App设计规范,这些在以后的设计中会经常用到,请注意掌握。

iOS常见分辨率

iOS机型的分辨率一般都有固定的参数,其分辨率和屏幕结构如右图所示。

设备	分辨率	状态栏高度	导航栏高度	标签栏高度
iPhone6 plus/7 plus	1242×2208	60	132	147
iPhone6/7	750×1334	40	88	98
iPhone5/5s/5c	640×1136	40	88	98
iPhone4/4s	640×960	40	88	98
iPad3/4/Air/Air2/mini2	2048×1536	40	88	98
iPad1/2	1024×768	20	44	49
iPad mini	1024×768	20	44	49

本表所有单位为PX

iOS机型固定参数

Android常见分辨率

Android机型的分辨率有很多,目前比较流行的有400px×800px、720px×1280px和1080px×1920px。

一般情况下,建议使用标准分辨率720px×1280px 来设计界面。这个分辨率可以向下或向上缩放来适应其他尺寸,因此在设计时,建议尽量采用矢量工具来制作各种组件。

当使用720px×1280px的分辨率时,状态栏高度为50px,导航栏高度为96px,主菜单栏高度为96px。另外,目前的Android手机几乎都去掉了实体按键,把功能键移到了屏幕中,功能键这部分的高度为96px。

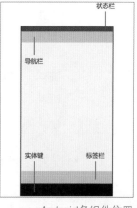

Android各组件位置

2.3 App图标设计规范

本节主要介绍App中图标的各种尺寸规格，本节的内容属于设计中比较硬性的规定，大家牢记并掌握即可。

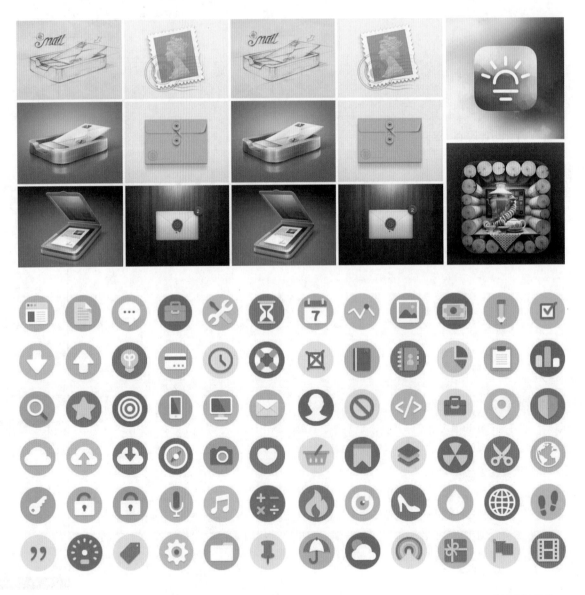

手机图标欣赏

2.3.1 图标尺寸

本小节以表格的形式将各个对象的参数记录下来，大家在需要的时候可以翻阅查看。

iOS篇

设备	App Store	程序应用	主屏幕	Spotlight搜索	标签栏	工具栏和导航栏
iPhone6 Plus - 7 Plus	1024 px×1024 px	180 px×180 px	114 px×114 px	87 px×87 px	75 px×75 px	66 px×66 px
iPhone6 - 7	1024 px×1024 px	120 px×120 px	114 px×114 px	58 px×58 px	75 px×75 px	44 px×44 px
iPhone5 - 5C - 5S	1024 px×1024 px	120 px×120 px	114 px×114 px	58 px×58 px	75 px×75 px	44 px×44 px
iPhone4 - 4S	1024 px×1024 px	120 px×120 px	114 px×114 px	58 px×58 px	75 px×75 px	44 px×44 px
iPhone & iPod Touch第一代、第二代、第三代	1024 px×1024 px	120 px×120 px	57 px×57 px	29 px×29 px	38 px×38 px	30 px×30 px

Android篇

屏幕大小	启动图标	操作栏图标	上下文图标	系统通知图标(白色)	最细笔画
320 px×480 px	48 px×48 px	32 px×32 px	16 px16 px	24 px24 px	不小于2 px
480 px×800px 480 px×854px 540 px×960px	72 px×72 px	48 px×48 px	24 px24 px	36 px36 px	不小于3 px
720 px×1280 px	48 dp×48 dp	32 dp×32 dp	16 dp16 dp	24 dp24 dp	不小于2 dp
1080 px×1920 px	144 px×144 px	96 px×96 px	48 px48 px	72 px72 px	不小于6 px

注：在720px×1280px的分辨率下1dp=2px。

2.3.2 图标格式

用户在制作好图标后，需要对图标进行保存。Photoshop提供了很多种文件格式供用户存储图片，建议大家使用PNG格式保存图标文件，因为PNG格式的图片具有高保真性和支持透明的特点。

2.4 快速颜色搭配

颜色搭配在任何设计中都非常重要，色彩作为第一感官信息，充斥着人们的视觉。每种颜色都有自己的特征，每一种色相的纯度和明度发生变化，或者处于不同的颜色搭配关系时，颜色的意义也会随之改变。

色彩搭配精美的图标

要记住各种颜色所要表达的特征，就像记住世界上每个人的性格特征一样，几乎是不可能的。换种思路，对于典型的颜色特征，是完全可以被我们铭记的，比如红色代表热情、冲动和危险，蓝色代表理智、安详和沉稳。把握了这些主要的颜色特征，下面我们将直接学习配色技巧。

2.4.1 取色配色法

　　这种配色方法比较直观，也非常实用，用该方法搭配出的效果也非常好看。首先，打开一张照片，这张照片可以是精美的摄影作品，也可以是油画，只要是你喜欢的照片都可以；然后使用Photoshop中的拾色工具将里面的颜色提取出来；接下来就可以将这些颜色直接运用到自己的设计作品中。另外，在提取颜色后，还可以将这些颜色制成PNG图片，将其处理为专属于自己的色卡，以供将来使用。

2.4.2 同色系配色法

　　同色系配色是指主色和辅色都在同一色相上，这种配色方法往往给人一种色调统一的感觉。

2.4.3 邻近色配色法

邻近色配色法的搭配比同色系配色法稍微丰富，色相柔和过渡看起来也很和谐。

2.4.4 类似色配色法

类似色配色法也是常用的配色方法，其颜色对比不强，给人色感祥和的感觉。类似色配色法其实和邻近色配色法比较相近，这种色彩搭配方式都会使画面显得舒服。

2.4.5 互补色配色法

互补色配色法由于它的特殊性和不稳定性，在正式设计中比较少见，但是在各种色相搭配中，互补色搭配却是一种最突出的搭配。因此，如果你想让自己的作品特别引人注目，那么互补色搭配或许是最佳选择。

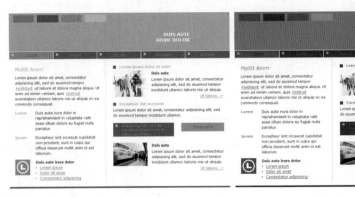

2.5 App设计与用户体验

App如果想从众多的产品中脱颖而出获得成功，突破点就是要抓住用户的体验，或者说是抓住用户的某一种心理。因此，可以考虑在界面布局上进行大胆突破，丰富其他开发者很少关注的生活细节，让用户产生真实生活的亲切感。

2.5.1 App设计的要点

在制作App时，如果跳过流程图直接进入开发，会让开发变得复杂和不可控制，这样的App会让用户在使用时感到迷茫，从而选择删除App。因此，即便是一个简单的App，也应提供一个完整的流程图，以确保App有一个完整的结构。在设计App界面时，一定要确保核心功能的界面位于主导位置，提供给用户合理的功能导航，而不是通过其他界面来引导，增加用户的操作量。

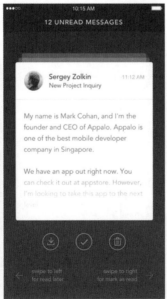

App设计的每个细节都需要经过构思和讨论才能确定。在确定App的细节设计和功能实现时，设计师一定要时刻与开发人员讨论这些方案的可行性。

一般情况下，App应该优先设计高分辨率的显示屏，然后按比例缩减。现在手机的屏幕分辨率越来越高，如果从高分辨率设备做起，则可以按照比例缩小，基本可以涵盖所有的机型；如果从低分辨率设备开始设计，采用放大的方式，非矢量图就会失真。因此，在设计App时，最好使用矢量图形设计，防止后期处理图片时造成失真。

在设计App时，还应考虑用户手指的宽度，大多数用户的手指宽度为44px~58px，加上用户在快速移动手指时，很难准确地点击小区域屏幕，因此，在屏幕上增加大量的按钮和功能很有必要，但按钮的大小一定要合适，间隔也要足够大，否则用户很容易误点到其他按钮。苹果手机在这一点上做得很好，虽然在一个很小的空间内加入了很多按钮，但是用户很难误点到其他按钮。

如果App加载时间过长，很容易让用户认为App出现了故障，以至于带来糟糕的用户体验。因此，在App加载的时候，为了不要让用户看到空白的屏幕，可以考虑设计有趣的加载指示条或小动画，让用户知道App处于正常运行当中，当然，加入一个加载进度指示条是很人性化的一种设计。

不同的操作系统，比如iOS、Android和Windows 10 Mobile，都有不同的设计要求。开发者需要认真学习各个操作系统的人机界面指南，做好不同平台App的移植工作，避免造成用户的迷茫和不适应。在设计时，不一定要让App看起来是系统自带的，但至少不能让人感到突兀，产生这款App不属于这个平台的感觉。

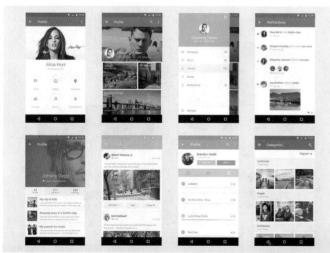

品牌是App设计中很重要的一个理念。首先，你需要确定App的主要目标人群：儿童、青少年、专业人士、妈妈、学生、医生、设计师或老年人等。然后，设计风格时需要贴近品牌，建立较强的品牌认知，并消除用户疑虑，比如在为老年人设计社交类App时，就应该用大号字体，在设计股票交易类App时，就应使用安全锁图像来增加用户的安全感。另外，你还可以考虑为品牌设计一个吉祥物，吉祥物可以将品牌拟人化，同时强化App留给用户的印象。

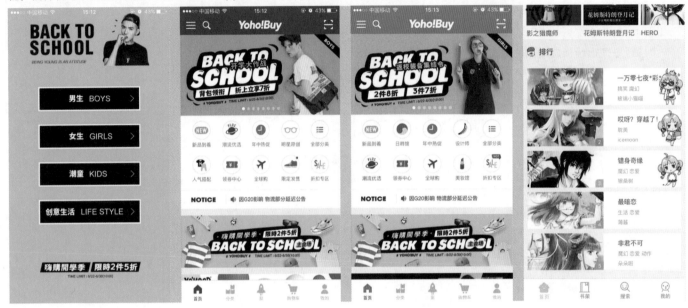

在高度竞争的App市场，抓住用户的眼球是成功的关键，能让用户第一眼就明白其功能的App才是成功的App。这里给出一个建议：去研究一下那些热门App，热门的App往往有特定的交互方式，直接使用这些方式会更好，因为用户已经习惯了这种交互方式。这样做可以避免自己设计的App使用户在使用时产生困惑，另外，你还需要全面地测试所有的交互环节，充分优化应用。

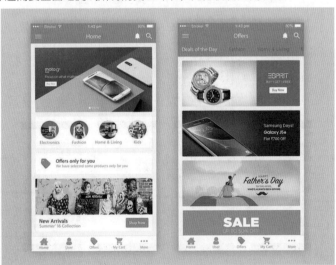

有些开发人员总喜欢添加一些复杂的导航界面，或添加杂七杂八的信息，结果导致界面一团糟，这样会让用户在使用时感到烦躁。因此，让一切保持简单才是最重要的：屏幕布局应当保持整洁，信息应该分层排列，重要的信息将其突出，不重要的将其弱化，只显示相关度高的细节，用统计工具分析哪些动作是没用的，然后把它们删除。大家可以借鉴苹果公司的设计理念：无赘物即为完美。

2.5.2 用户体验

用户体验，英文为User Experience，简称UE，是用户在使用App过程或享受相关服务时产生的一种纯主观的感受。用户体验包含产生于用户与App之间发生的一切互动。近年来，用户体验越来越多地被谈到，在App的开发流程中，用户体验的占比也越来越多，甚至被当成App竞争中决定胜负的关键因素。

用户体验可以分为App的可用性、易用性和好用性，在这些基础上还产生了更高层次的品牌价值。

可用性指App所包含的功能是否能够满足用户的需求。在提高产品的可用性时，是不是满足的需求越多就越好呢？显然不是，需求要满足到什么程度，需要根据产品的易用性进行权衡，找到一个平衡的点。过分满足各种需求必定会导致App过于复杂，让用户在使用和操作时产生非常负面的感受。

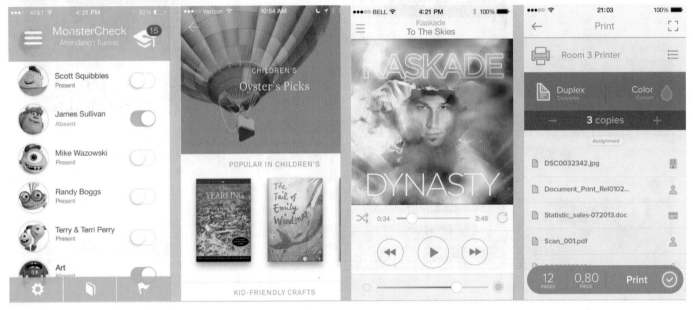

易用性指用户在接触一个新的App时，能很快掌握如何使用App的各种功能，知道每个按钮的操作方式，知道每个按钮对应的操作效果。要做到这一点，App的交互设计就应该做到符合用户的操作习惯，这里说的操作习惯并不是指必须完全遵循各个系统的固定交互方式，可以将它们打破，制作属于自己的交互方式，让用户感受到顺手和自然，能让用户在打开App后的很短时间内就学会操作方法和熟悉相关功能。

好用性在于增强体验。在用户满足了App为其提供的可用性和易用性的需求后，App就需要提供在性能、视觉和彩蛋等更高层次的体验：性能指App在用户操作时的响应速度、出错频率以及严重程度，视觉指由第一感官直接获取的愉悦冲击感，彩蛋则是给予用户一些惊喜或者意想不到的小感动。如果还想更进一步增加体验，可以考虑在多维度的情感上使用户与产品发生情感关联。

当App达到了用户体验中的可用性、易用性和好用性以后，就可以考虑终极目标——品牌价值。一款App设计和用户体验的质量好坏，不取决于这款App的开发时间，更不取决于设计师自认为很优秀的开发与设计，而是取决于App是否让用户产生了强烈的欲望来长期地使用推出的产品和服务，简单来说就是能不能让用户为之消费。如果用户愿意为App消费，那设计出的App就达到了用户体验的最终目的，塑造出了自己的品牌价值。

常用的设计软件

市面上有很多种设计软件，比如Photoshop、Illustrator等。那么，在App设计中有哪些常用的设计软件？哪种更好用？下文将介绍Photoshop CS6和Illustrator CS6各自的特点和功能。鉴于软件的实用性、普及范围和学习效率，本书选择了Photoshop CS6来进行App设计。

2.6.1 Photoshop CS6

Photoshop CS6不仅是一个单纯的图像编辑软件，它的功能还涉及图像、图形、文字、视频和出版等。在工作中，Photoshop的作用领域有平面设计、修复照片、广告摄影、影像创意、艺术文字、网页制作、建筑效果图、绘画、婚纱照片设计、视觉创意、图标制作和界面设计等。

Photoshop CS6的优点是其本身就是一款主流的设计工具，它在处理图片和调色时功能强大，无论是设计图标，还是制作界面，Photoshop CS6都是比较好的选择。因此，对于设计师来说，Photoshop CS6是一款必备软件。作为一款设计软件，Photoshop CS6的缺点是过分依赖尺寸设计，且绘制矢量图形能力和排版功能较弱。

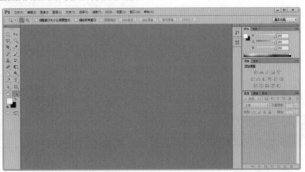

2.6.2 Illustrator CS6

Illustrator CS6是Adobe公司推出的专业矢量绘图工具，是出版类、多媒体类和在线图像类的工业标准矢量插画软件。它完善的功能和简洁的界面风格，为线稿提供了便捷的操作，适用于任何小型设计到大型项目。目前，Illustrator CS6已经占据了矢量编辑软件中的大部分份额，全球很多设计师都在使用Illustrator进行艺术设计，尤其是基于Adobe公司专利的Post技术的运用。可以说，Illustrator已经完全占领了专业的印刷出版领域。

它的优点是作为强大的矢量图设计工具，其绘制logo和海报的能力很优秀，不仅可以绘制图标和界面，还可以输出为矢量图，并能根据尺寸的不同而去放大或缩小。另外，不需要借助第三方草图设计工具，Illustrator CS6便可以直接用于设计交互草图。Illustrator CS6的缺点是其图片处理能力几乎为零，且滤镜功能差，在处理高质量界面和图标时相较于Photoshop来说差很多。

使用 Photoshop 创作 App

掌握各种绘制图形的工具
掌握常见的按钮类型
了解弥散阴影
了解长阴影
了解缺角阴影

3.1 绘制各种图形的工具

在绘制完整的App界面之前，首先需要学会制作各种构成App界面的元素，包括图形、效果和常见的组件。本节将着重讲解各种图形的基础绘制工具。

3.1.1 正方形和长方形

使用Photoshop中的【矩形工具】可以绘制出正方形和长方形。在制作App中的图形时，建议大家使用【形状】模式，因为在这种模式下绘制的对象可以不受文件大小的约束，即使对对象进行任意更改也不会出现失真的情况。

选择【矩形工具】以后，按住鼠标左键并拖曳光标来绘制出长方形（按住Shift键可以绘制出正方形）；用户也可以选择【矩形工具】，在画布中直接单击鼠标左键，然后在弹出的【创建矩形】对话框中直接设置长方形的大小，单击【确定】后系统会自动创建长方形。

● 矩形工具制作图标

案例

源文件路径

CH03>矩形工具制作图标>矩形工具制作图标.psd

素材路径

无

（扫码观看视频）

01 新建文档

执行【文件】>【新建】命令，在打开的【新建】对话框中
设置参数，然后单击【确定】按钮，新建一个文档。

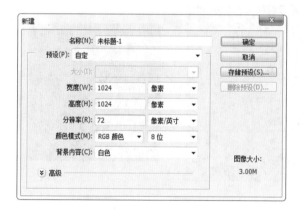

02 制作背景

按住Alt键双击背景图层，将背景图层转换为普通图层，
然后执行【图层】>【图层样式】>【渐变叠加】命令，为图
层添加一个从（R255，G227，B174）到（R213，G255，
B251）的颜色渐变。

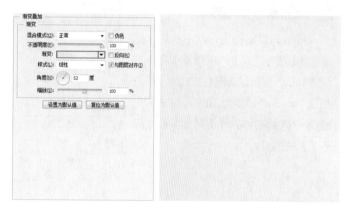

03 添加杂色

新建一个图层，然后将其填
充为白色，接着执行【滤镜】>【杂
色】>【添加杂色】命令，设置参数，
再设置该图层混合模式为【柔光】。

04 创建矩形

选择【矩形工具】，然后在画布的正中创建一个边长为800px的正方形，设置颜色为（R49，G49，B49）。

05 新建图层

新建一个图层，然后填充白色，再将其转换为智能对象，接着执行【滤镜】>【杂色】>【添加杂色】命令，设置参数。

06 添加动感模糊效果

继续选择该图层，然后执行【滤镜】>【模糊】>【动感模糊】命令，设置参数，接着设置混合模式为【颜色加深】，不透明度为30%，再按组合键Ctrl+Alt+G将其作为剪贴蒙版作用于下面的图层。

07 添加矩形

选择【矩形工具】，设置填充的颜色为（R230，G0，B18），然后在画布上单击鼠标，新建一个矩形。

08 添加矩形

选择【矩形工具】，设置填充的颜色为白色，然后在画布上单击鼠标，新建一个矩形。

09 继续添加矩形

选择【矩形工具】，设置填充的颜色为（R220，G220，B220），然后在画布上单击鼠标，新建一个矩形。

10 添加图层样式

选择灰色矩形图层，然后执行【图层】>【图层样式】>【投影】命令，在打开的【投影】对话框中设置参数，再单击【确定】按钮。

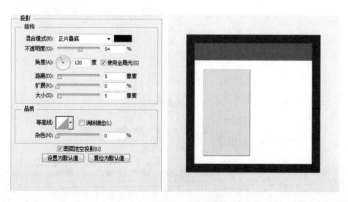

11 复制图层

选择该图层，然后使用组合键Ctrl+J将其复制一次，接着向右移动。

12 添加文字

使用【横排文字工具】在灰色矩形的内部分别输入文字。

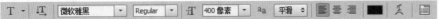

13 添加白色图层

使用【矩形工具】，然后绘制一个矩形图层一半大小的矩形（这里为方便观察，颜色设置为黄色），接着将其放置于图层0的上方，再按组合键Ctrl+Alt+G将其创建为剪贴蒙版，最后设置不透明度为20%。

14 添加白色图层

使用【矩形工具】，然后绘制一个矩形图层一半大小的矩形，接着将其放置于图层9的上方，再按组合键Ctrl+Alt+G将其创建为剪贴蒙版，最后设置不透明度为20%。

3.1.2 圆和椭圆

使用Photoshop中的【椭圆工具】可以绘制出圆和椭圆，其使用方法与前面介绍的【矩形】工具相同。在Photoshop CS6的工具箱中，默认显示的是【矩形工具】，用户可以将鼠标移动到【矩形工具】上，按住鼠标左键不动，系统会自动弹出列表，在列表中选择【椭圆工具】即可。

● 椭圆工具制作图标

源文件路径

CH03>椭圆工具制作图标>椭圆工具制作图标.psd

素材路径

无

案例

（扫码观看视频）

01 新建文档

执行【文件】>【新建】命令，在打开的【新建】对话框中设置参数，然后单击【确定】按钮，新建一个文档。

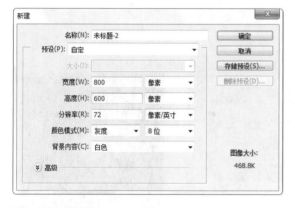

02 制作背景

按住Alt键双击背景图层，将背景图层转换成普通图层，然后执行【图层】>【图层样式】>【渐变叠加】命令，为图层添加一个从（R218，G217，B222）到白色的颜色渐变。

03 绘制矩形

选择【矩形工具】然后在画布中单击鼠标，新建一个矩形，颜色为（R40，G31，B32）。

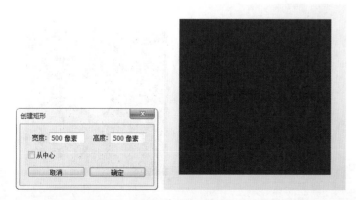

04 添加图层样式

选择该图层，然后执行【图层】>【图层样式】>【斜面和浮雕】命令，设置参数。

05 添加滤镜效果

选择该图层，然后执行【滤镜】>【杂色】>【添加杂色】命令。

06 添加椭圆

选择【椭圆工具】，然后在画布中单击鼠标，绘制一个椭圆，颜色为（R218，G217，B222），接着将其移动至画布中心。

07 添加斜面和浮雕、内阴影

选择该图层，然后执行【图层】>【图层样式】>【混合选项】命令，接着在左侧单击【斜面和浮雕】选项，设置参数，再单击【内阴影】选项，设置参数。

08 添加渐变叠加、投影

继续单击【渐变叠加】选项，设置参数，然后单击【投影】选项设置参数，再单击【确定】按钮。

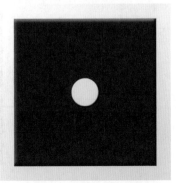

09 复制图层

选择【椭圆工具】，然后在画布上单击鼠标，新建一个椭圆，颜色为（R218，G217，B222），接着将其移动至画布中心。

10 添加图层样式

执行【图层】>【图层样式】>【混合选项】命令，然后分别选择【斜面和浮雕】、【内阴影】、【渐变叠加】和【投影】样式，并设置参数。

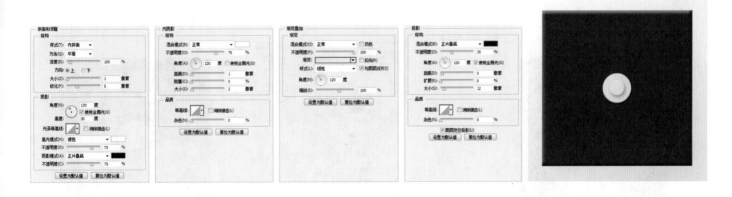

11 新建椭圆

选择【椭圆工具】，然后在画布中单击鼠标，新建一个椭圆，颜色为（R230, G0, B18）。

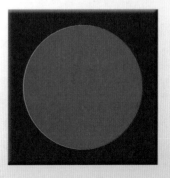

12 减去椭圆

选择该图层，然后选择【椭圆工具】，接着按住Alt键在图层中绘制两个不同形状的椭圆，将它们减去。（在绘制时配合使用【路径选择工具】能更好地调整位置。）

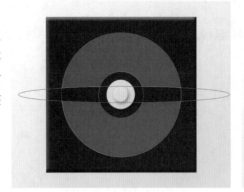

13 复制图层

选择该图层，然后按组合键Ctrl+J将其复制一次，再改变其颜色为（R172，G160，B161）。

14 添加蒙版

选择复制出的图层，然后为它添加图层蒙版，接着将蒙版的上半部分填充为黑色即可。

3.1.3 圆角矩形

圆角矩形在App设计中比较常用，它常用来制作按钮底层的图形。使用Photoshop中的【圆角矩形工具】可以绘制出圆角矩形。另外，圆角矩形的圆角半径在创建之前就应该在选项栏设置好。

● 圆角矩形工具制作图标

源文件路径

CH03>圆角矩形工具制作图标>圆角矩形工具制作图标.psd

素材路径

无

案例

（扫码观看视频）

01 新建文档

执行【文件】>【新建】命令，在打开的【新建】对话框中设置参数，然后单击【确定】按钮，新建一个文档。

03 绘制圆角矩形

选择【圆角矩形工具】，然后在画布上单击鼠标，新建一个圆角矩形。

02 制作背景

按住Alt键双击背景图层，将背景图层转换为普通图层，然后执行【图层】>【图层样式】>【渐变叠加】命令，为图层添加一个从（R137，G143，B159）到（R99，G105，B119）的颜色渐变。

04 添加渐变叠加

选择圆角矩形图层，然后执行【图层】>【图层样式】>【渐变叠加】命令，为图层添加一个从（R65，G64，B80）到（R36，G36，B48）的颜色渐变。这里注意设置样式和渐变中心点。

05 绘制云朵

选择【椭圆工具】，然后在画布中绘制几个圆形来制作云朵，颜色为黑色。

06 制作效果

选择云朵图层，设置图层不透明度为30%，然后按组合键Ctrl+J将其复制一次，并将上方的图层向上移动。

07 制作下方云朵

选择下方的云朵图层，然后在【属性】面板中设置羽化值为5像素。

08 制作上方云朵

选择上方的云朵图层，然后设置它的不透明度为100%，接着执行【图层】>【图层样式】>【混合选项】命令，分别单击【斜面和浮雕】和【渐变叠加】选项，并设置参数，渐变叠加的颜色为从（R98，G102，B113）到（R97，G101，B112）。

09 绘制闪电

选择【钢笔工具】，绘制一个闪电的图形，颜色为（R253，G211，B15）。

10 制作光影效果

选择闪电图层，然后按组合键Ctrl+J将其复制一次，接着选择下方的闪电图层，再在【属性】面板中设置羽化值为15像素。

11 制作顶层云朵

选择带图层样式的云朵图层，然后按组合键Ctrl+J将其复制一次，再将其移动于【图层】面板的顶部，接着将其缩小至合适的大小。

12 改变样式效果

选择顶层云朵的图层，然后双击【渐变叠加】命令，在打开的【图层样式】对话框中改变【渐变叠加】的参数。

13 制作雨滴

选择【椭圆工具】，然后配合使用【直接选择工具】拖曳锚点，绘制出雨滴的形状，接着设置该图层的不透明度为50%。

14 复制雨滴

将雨滴图层多复制几次，然后移动至不同的位置即可。

3.1.4 自定义形状

【自定义形状工具】可以绘制出丰富
的图形形状，Photoshop CS6提供了很多
的预设形状供用户使用，用户也可以创建
具有个性、自由度很高的形状。选择【自
定义形状工具】后，在选项栏中可以打开
自定义形状列表，供用户选择。

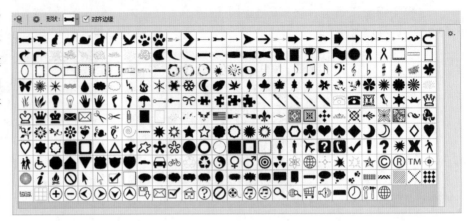

另外，【自定义形状工具】还可以
进行【载入形状】操作。【载入形状】可
以将一些已经绘制好的形状载入到选取器
中，这个功能在制作App的相关界面时是
非常有用的，因为修改自定义形状中的图
形对图形质量的损伤很小。

● 自定义形状工具制作图标

源文件路径

CH03>自定义形状工具制作图标>自定义形状工具制作图标.psd

素材路径

无

案例

（扫码观看视频）

01 新建文档

执行【文件】>【新建】命令，在打开的【新建】对话框中设置参数，然后单击【确定】按钮，新建一个文档。

02 制作背景

按住Alt键双击背景图层，将背景图层转换为普通图层，然后执行【图层】>【图层样式】>【颜色叠加】命令，为图层叠加颜色（R232，G213，B155）。

03 绘制矩形

选择【圆角矩形工具】，然后在画布中单击鼠标，绘制一个圆角矩形。

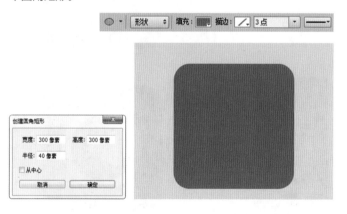

04 绘制圆形

选择【椭圆工具】，然后在画布中单击鼠标，绘制一个圆形。

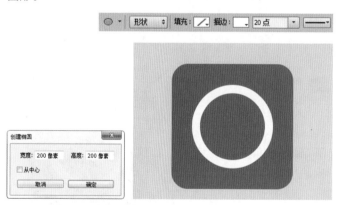

05 绘制自定义形状

选择【自定义形状工具】，先设置好图案，然后在画布中单击鼠标绘制一个圆角三角形。

06 改变方向

选择圆角三角形，然后按组合键Ctrl+T，调整角度为-90度。

07 复制图层

选择圆角矩形图层，然后按组合键Ctrl+J复制一次，再将其移动到图层的最上方。

08 删除锚点

选择【直接选择工具】，选择该图形最下方的两个锚点。（为方便观察将图形颜色改变为蓝色）

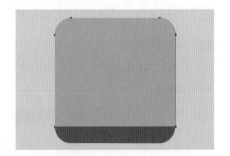

09 移动锚点

选择【直接选择工具】，移动该图形最下方的两个锚点至中间位置，然后改变该图层的填充为0%。

10 添加阴影

选择该图层，然后执行【图层】>【图层样式】>【渐变叠加】命令，为图层添加一个从黑色到白色的颜色渐变，然后设置参数。

3.2 App常见的组件制作

　　如果说App的界面是吸引用户的关键，那么精美的组件就是组成界面的根本。在制作一款专业的App时，首先需要从各种组件开始着手设计，手机的各种组件包括按钮、单选框、滑动条、下拉选框和对话框等。App的功能非常繁杂，但各种组件的细分会让我们的制作简便许多，也能让用户一目了然地看出各组件的效果和功能。注意，在保证功能完整的情况下，一定要保持设计的美观。下面用几个案例来制作比较重要和常见的App界面组件。

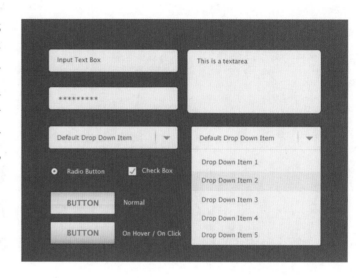

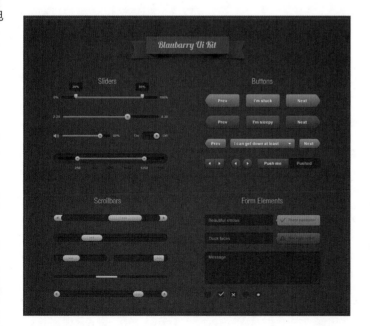

3.2.1 按钮

按钮，又叫作Button，是一种基础组件。按钮根据其风格属性可派生出：命令按钮(Pushbutton)、复选框(CheckBox)、单选按钮(Radio Button)、组框(Group Box)和自绘式按钮(Owner-draw Button)。

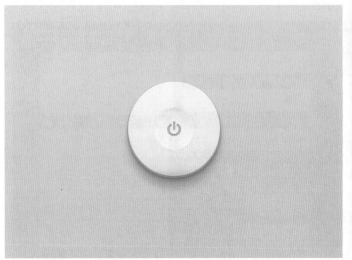

案例

● 制作按钮

源文件路径

CH03>制作按钮>制作按钮.psd

素材路径

无

[扫码观看视频]

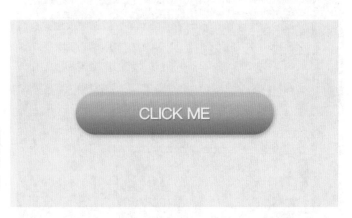

01 新建文档

执行【文件】>【新建】命令，在打开的【新建】对话框中设置参数，然后单击【确定】按钮，新建一个文档。

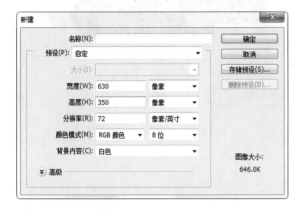

03 绘制圆角矩形

选择【圆角矩形工具】，然后在画布上单击鼠标，新建一个圆角矩形。

02 制作背景

按住Alt键双击背景图层，将背景图层转换为普通图层，然后执行【图层】>【图层样式】>【颜色叠加】命令，为图层叠加颜色（R240，G240，B240）。

04 添加图层样式

选择该图层，然后执行【图层】>【图层样式】>【混合选项】命令，再分别单击【内阴影】、【渐变叠加】和【投影】选项，并设置参数。（渐变叠加的颜色不必太精确）

05 绘制内圈圆角矩形

选择【圆角矩形工具】，然后在画布上单击鼠标，新建一个圆角矩形。

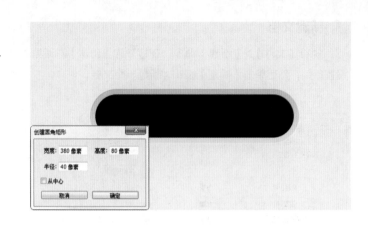

06 添加图层样式

选择该图层，然后执行【图层】>【图层样式】>【混合选项】命令，再分别单击【内阴影】、【渐变叠加】和【投影】选项，并设置参数。（渐变叠加的颜色不必太精确）

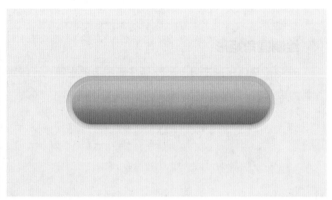

07 添加文字

使用【横排文字工具】，在画布的中心位置输入文本。

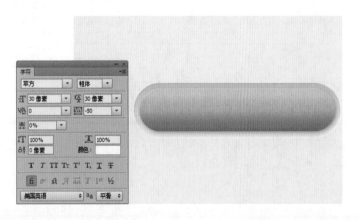

08 添加投影

选择文字图层，然后执行【图层】>【图层样式】>【混合选项】命令，再设置参数。

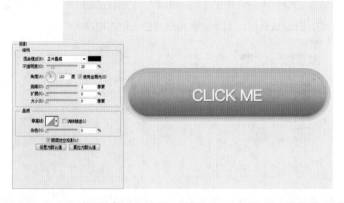

3.2.2 滑动条

　　滑动条基本上由3部分组成：手指按住时进行操作的滑块、可滑动的长度和滑动条的长度。在制作时，最重要的是对滑动条的质感进行设计，所以经常会用到各种图层样式。

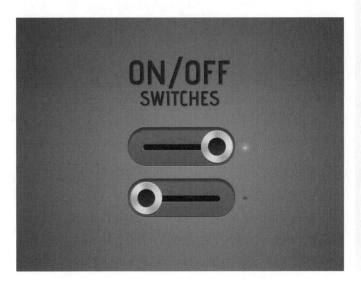

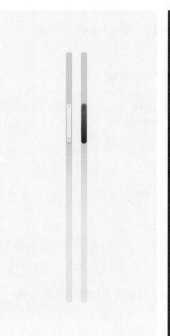

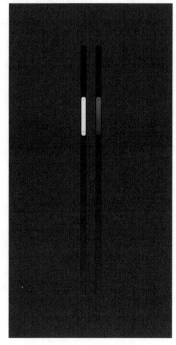

案例

● **制作滑动条**

源文件路径

CH03>制作滑动条>制作滑动条.psd

素材路径

无

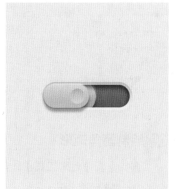

（扫码观看视频）

01 新建文档

执行【文件】>【新建】命令，在打开的【新建】对话框中设置参数，然后单击【确定】按钮，新建一个文档。

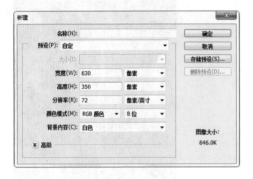

02 制作背景

按住Alt键双击背景图层，将背景图层转换为普通图层，然后执行【图层】>【图层样式】>【颜色叠加】命令，为图层叠加颜色（R232，G232，B2）。

03 绘制圆角矩形

选择【圆角矩形工具】，然后在画布上单击鼠标，新建一个圆角矩形。

04 添加渐变叠加

选择圆角矩形图层，然后执行【图层】>【图层样式】>【渐变叠加】命令，为图层添加一个从（R245，G245，B245）到（R191，G191，B191）的颜色渐变。

05 绘制圆角矩形

选择【圆角矩形工具】，然后在画布中单击鼠标，新建一个稍小一些的圆角矩形。

06 制作图层样式

　　选择圆角矩形图层，然后执行【图层】>【图层样式】>【混合选项】命令，在打开的【图层样式】对话框中选择【内阴影】、【渐变叠加】和【外发光】，并设置参数，渐变的颜色为从（R224，G206，B188）到（R153，G153，B153）。

07 绘制圆角矩形

　　选择【圆角矩形工具】，然后在画布上单击鼠标，新建一个圆角矩形。

08 添加图层样式

　　选择该圆角矩形图层，然后执行【图层】>【图层样式】>【混合选项】命令，在打开的【图层样式】对话框中选择【描边】、【内发光】和【渐变叠加】，并设置参数，渐变的颜色为从（R178，G174，B171）到（R224，G218，B215）。

09 添加图层样式

继续添加图层样式，在【图层样式】对话框中选择【内阴影】和【投影】，并设置参数，接着按组合键 Ctrl+Alt+G 将其创建为剪贴蒙版作用于下面的图层，然后向左移动。

 TIPS

如果图层样式中有【渐变叠加】，那在创建剪贴蒙版时，需要在底部图层的【混合选项】中进行设置。

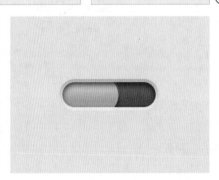

10 创建圆角矩形

选择【圆角矩形工具】，在画布上单击鼠标，创建一个圆角矩形。

11 添加图层样式

选择该圆角矩形图层，然后执行【图层】>【图层样式】>【混合选项】命令，在打开的【图层样式】对话框中选择【描边】和【内发光】，并设置参数。

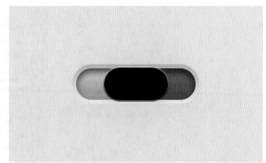

062

12 添加图层样式

　　继续添加图层样式，在
【图层样式】对话框中选择
【渐变叠加】和【投影】，并
设置参数，渐变的颜色为从
（R191，G191，B191）到
（R224，G218，B215）。

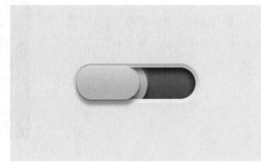

13 添加圆形

　　选择【椭圆工具】，在画布
上单击鼠标，新建一个椭圆。

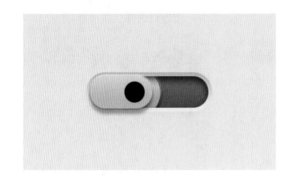

14 添加样式

　　选择该圆形图层，然后执
行【图层】>【图层样式】>【混
合选项】命令，在打开的【图层
样式】对话框中选择【描边】和
【渐变叠加】，并设置参数，
渐变的颜色为从（R191，
G191，B191）到（R224，
G218，B215）。

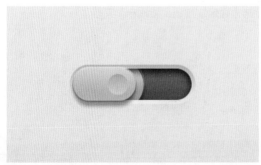

3.2.3 对话框

现在的App普遍都有对话的功能,所以对话框基本上是所有App都必备的一个功能组件。

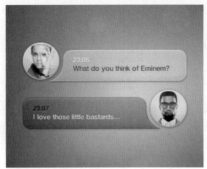 

● 制作对话框

源文件路径

CH03>制作对话框>制作对话框.psd

素材路径

无

案例

(扫码观看视频)

01 新建文档

执行【文件】>【新建】命令,在打开的【新建】对话框中设置参数,然后单击【确定】按钮,新建一个文档。

02 制作背景

按住Alt键双击背景图层,将背景图层转换为普通图层,然后执行【图层】>【图层样式】>【渐变叠加】命令,为图层添加一个任意的颜色渐变。

03 绘制圆角矩形

选择【圆角矩形工具】,然后在画布上单击鼠标,新建一个圆角矩形。

04 绘制三角形

选择【钢笔工具】,然后在画布上绘制出一个三角的图形。

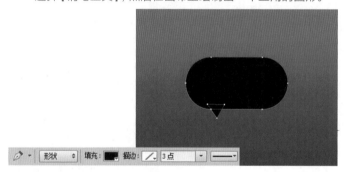

05 设置填充

选择该图层,然后在【图层】面板中,设置填充为0%。

06 添加图层样式

选择圆角矩形图层,然后执行【图层】>【图层样式】>【混合选项】命令,在【图层样式】对话框中选择【内阴影】、【内发光】和【投影】选项,并设置参数,【投影】的【混合模式】颜色可以在背景中任意拾取。

07 绘制文本

选择【横排文字工具】，在画布中输入文本。

08 添加图层样式

选择文本图层，然后执行【图层】>【图层样式】>【投影】命令，设置参数，【投影】的【混合模式】颜色可以在背景中任意拾取。

09 制作高光

选择【椭圆选框工具】，在对话框的上方绘制一个椭圆，然后为其填充白色，再按组合键Ctrl+D取消选择，接着选择该图层，然后执行【滤镜】>【模糊】>【高斯模糊】命令，设置参数。。

10 添加蒙版

选择椭圆图层，按住Ctrl键单击圆角矩形的缩览图载入选区，然后单击【添加图层蒙版】按钮，再设置图层不透明度为50%。

3.2.4 选项框

选项框也叫复选框，是按钮中的一个组件，主要用于简化管理一些复杂的功能。

案例

● 制作选项框

源文件路径

CH03>制作选项框>制作选项框.psd

素材路径

无

（扫码观看视频）

01 新建文档

执行【文件】>【新建】命令，在打开的【新建】对话框中设置参数，然后单击【确定】按钮，新建一个文档。

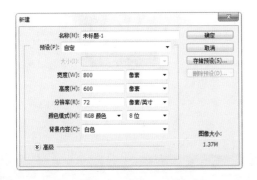

02 制作背景

按住Alt键双击背景图层，将背景图层转换为普通图层，然后执行【图层】>【图层样式】>【渐变叠加】命令，为图层添加一个任意的颜色渐变。

03 绘制矩形

选择【圆角矩形工具】，在画布上单击鼠标，新建一个矩形，颜色为白色。（这里为了区分效果暂时使用黑色）

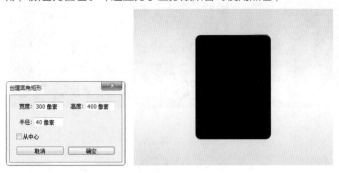

04 添加投影

选择该图层，然后执行【图层】>【图层样式】>【投影】命令，设置参数。

05 添加矩形

选择【矩形工具】，在画布中单击鼠标，创建一个矩形，颜色为（R68，G68，B68），然后将其移动至圆角矩形上方并对齐，接着按组合键Ctrl+Alt+G将其作为剪贴蒙版作用于圆角矩形图层。

06 绘制参考图形

选择【矩形工具】，在画布中绘制两个矩形，并设置不同的颜色，作为后续画线的参考。

07 绘制线条

选择【直线工具】，然后利用之前绘制的参考图形，在第二个矩形的底部边缘，绘制一条直线。

08 添加图层样式

选择该直线图层，然后执行【图层】>【图层样式】>【渐变叠加】命令，给图层添加一个两边白中间灰的效果。

09 复制图层

选择该图层，然后按组合键Ctrl+J将其复制一次，接着将其移动到第三个矩形参考图层的边缘。

10 绘制椭圆

选择【椭圆工具】，然后在画布中单击鼠标，新建一个椭圆。

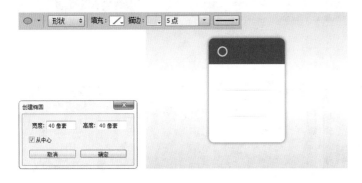

11 添加圆角矩形矩形

选择【圆角矩形工具】，在画布中单击鼠标，新建一个圆角矩形，将其移动至圆形的中心。

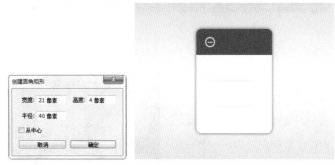

12 添加文本

选择【横排文字工具】，在画布中输入文本，文本颜色分别为白色和黑色。

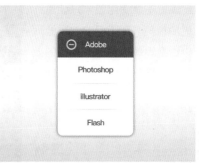

3.3 图形的效果处理

　　随着Photoshop的日益成熟，图片处理技术也被应用在了App设计中。基本上一切你可以想象或观察到的效果都可以使用Photoshop来制作。在拟物化图标中，可以明显地看出，Photoshop制作的效果非常逼真，表达目的也很明确。要设计如此真实的效果，设计师的功力是必不可少的，设计师必须要有足够的软件基础和设计基础才能自主设计制作出漂亮且真实的图形效果。

　　现在的设计效果虽然已经逐渐趋于扁平化，即抛弃冗余、厚重和繁杂的装饰效果，强调一种抽象、极简和符号化的设计，但是这里需要明确一点：扁平化设计虽然抛弃了许多过去使用的效果，但是并不代表就不会使用效果来让设计更加精美。在下面的效果处理中，会具体讲解一些简单的效果对扁平化图形在美观上的提升。

3.3.1 镜面效果

镜面效果常用于制作App的展示页面，将App界面置于手机屏幕中，然后为其添加镜面效果，可以让展示效果看起来更加真实。

- 制作镜面效果

源文件路径

CH03>镜面效果>镜面效果.psd

素材路径

CH03>镜面效果>镜面效果素材.psd

案例

〔扫码观看视频〕

01 打开素材

执行【文件】>【打开】命令，打开【镜面效果素材.psd】文件。

02 制作背景

在手机图层的下方新建一个图层，任意填充颜色。

03 创建矩形

选择【矩形工具】，在画布上单击鼠标，创建出一个矩形，颜色任意。

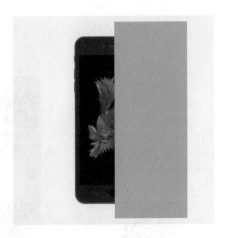

04 添加渐变叠加

选择该矩形，然后执行【图层】>【图层样式】>【渐变叠加】命令，设置参数，渐变的颜色为从白色到白色，不透明度为0%到100%。

05 设置填充

选择该矩形图层，然后设置填充为0%，去除矩形本身的颜色，只留下渐变叠加的效果。

06 调整位置

按组合键Ctrl+Alt+G将矩形作为剪贴蒙版作用于下面的图层，然后按组合键Ctrl+T调整矩形位置，再根据需求调整不透明度即可。

3.3.2 倒影效果

倒影效果常用于制作App的展示界面，也可以直接将App的界面进行倒影展示。

- ● 制作倒影效果

  源文件路径

  CH03>制作倒影效果>制作倒影效果.psd

  素材路径

  CH03>制作倒影效果>制作倒影效果素材.psd

案例

（扫码观看视频）

01 打开素材

执行【文件】>【打开】命令，打开【制作倒影效果素材.psd】文件。

02 设置背景

在手机图层的下方新建一个图层，任意填充颜色。

复制图层

选择手机图层，然后按组合键Ctrl+J，将其复制一次，然后执行【编辑】>【变换】>【垂直翻转】命令，移动复制出来的图层与手机图层上下对立。

制作效果

选择复制出来的图层，然后为其添加一个图层蒙版，接着使用【渐变工具】在蒙版中的手机部分拖曳隐藏部分效果，再调整图层的不透明度至合适就可以了。

3.3.3 画中画效果

画中画效果一般用于制作App的一些界面内容，比如头像与背景之间的层次关系。

● 制作画中画效果

源文件路径

CH03>制作画中画效果>制作画中画效果.psd

素材路径

CH03>制作画中画效果>制作画中画效果素材.jpg

案例

（扫码观看视频）

01 打开素材

执行【文件】>【打开】命令，打开【制作画中画效果素材.jpg】文件。

02 制作画中画

用【矩形选框工具】选择一部分作为画中画的区域，然后按组合键Ctrl+J将这部分复制到一个新的图层中。

03 添加图层样式

双击复制出来的图层，打开【图层样式】对话框，在样式中选择【描边】和【投影】，并设置参数。

04 制作背景

将背景图层转换为智能对象，然后执行【滤镜】>【模糊】>【高斯模糊】命令。

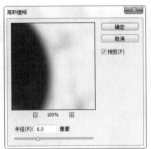

05 绘制阴影

选择【钢笔工具】，在两个图层之间绘制一个下方向内弯曲的黑色矩形。

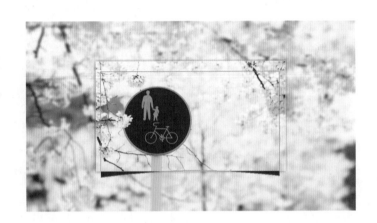

06 制作效果

选择该矩形图层，然后执行【滤镜】>【模糊】>【高斯模糊】命令，设置参数。

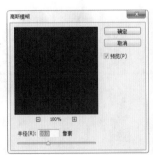

3.3.4 弥散阴影效果

　　弥散阴影是最近大热的设计效果，一个简单的效果就能让画面显得非常的精致，而普通的【投影】图层样式相对就比较古板。弥散阴影在画面中不宜过多使用，在主要的组件中使用就可以了，不然会让画面显得非常的杂乱。

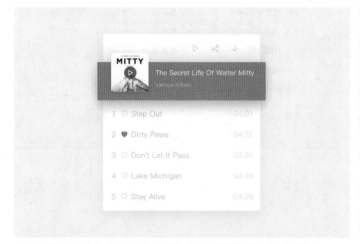

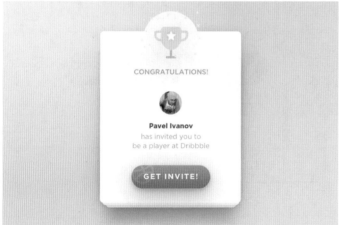

● 制作弥散阴影效果

源文件路径

CH03>制作弥散阴影效果>制作弥散阴影效果.psd

素材路径

无

（扫码观看视频）

案例

077

01 新建文档

执行【文件】>【新建】命令，在打开的【新建】对话框中设置参数，然后单击【确定】按钮，新建一个文档。

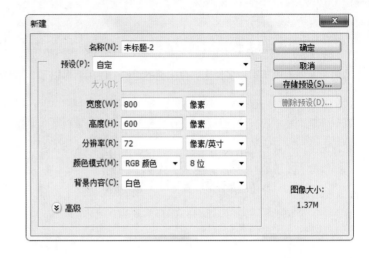

02 创建圆角矩形

选择【圆角矩形工具】，然后在画布下方单击鼠标，新建一个圆角矩形。

03 复制图层

选择该圆角矩形图层，然后按组合键Ctrl+J将其复制一次，接着选择下方的圆角矩形图层，将其向下移动20px，再设置图层的不透明度为40%。

04 制作效果

继续选择下方的图层，然后在【属性】面板中设置它的羽化值为15像素。

05 添加文本

选择【横排文字工具】，然后在按钮正中添加上文本，弥散阴影就制作完成了。弥散阴影在实际中不要使用太多，某些主要按钮使用就行了，这样会使画面看起来非常干净和时尚。

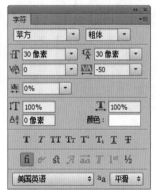

06 制作带渐变叠加的效果

使用同样的方法制作一个按钮，区别是在创建圆角矩形以后给它添加一个渐变叠加的效果，这样会让按钮看起来非常有立体感，并且让人感觉很舒服。

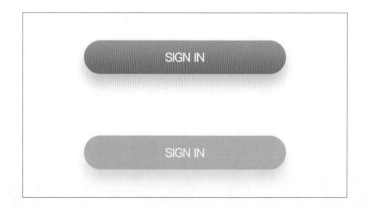

3.3.5 长阴影效果

在扁平化设计中，长阴影是非常流行的一种设计趋势，长阴影其实就是扩展了对象的投影，让人感觉是一种光线照射下的影子，通常采用角度为 45°的投影，给对象添加了一份立体感。长阴影快速发展为流行的设计趋势，并经常被应用到扁平化设计方案的对象中，这些阴影的特别之处在于它们也是扁平的。目前，长阴影设计主要用于较小的对象和元素，如图标。

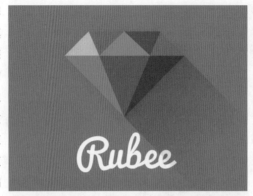

案例

● 制作长阴影效果

源文件路径

CH03>制作长阴影效果>制作长阴影效果.psd

素材路径

无

〔扫码观看视频〕

01 新建文档

执行【文件】>【新建】命令，在打开的【新建】对话框中设置参数，然后单击【确定】按钮，新建一个文档。

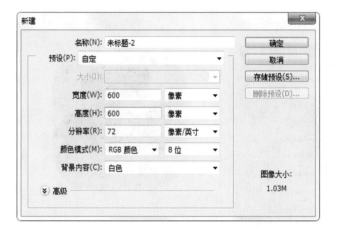

02 创建圆角矩形

选择【圆角矩形工具】，然后在画布中单击鼠标，创建一个圆角矩形。

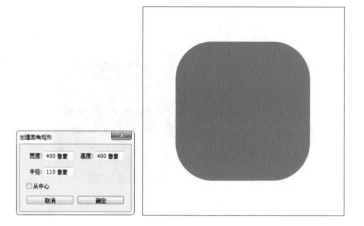

03 创建文本

这里使用文本来进行操作，同理也可以使用各种图标来制作长阴影效果，使用【横排文字工具】，创建两种不同的文字，其大小和字体随意。

04 合并图层

选择两个文本图层，然后按组合键Ctrl+J将其复制一次，再将它们的颜色更改为黑色，接着按组合键Ctrl+E将它们合并为一个普通图层。

05 制作阴影

选择合并后的图层，然后按组合键Ctrl+T将它们分别向右和向下移动一个像素，接着按Enter键确认更改，最后按组合键Shift+Ctrl+Alt+T大概30次。

06 继续制作阴影

将所有的黑色文本图层全部选择，然后按组合键Ctrl+E将它们合并成一个图层，接着按组合键Ctrl+J将它复制几次，并将复制的图层向右下移动至覆盖整个图标。（在复制的过程中可以多进行几次合并）

07 移动阴影

将所有的阴影图层合并成一个图层，然后将其移动至文本图层的下方，再设置图层不透明度为30%，接着按组合键Ctrl+Alt+G将其创建为剪贴蒙版。

08 加深层次感

　　使用同样的方法将下面的文本图层再进行一次处理，可以加深阴影的层次感，让图标更有创意。

3.3.6 缺角阴影效果

　　缺角阴影不算是非常流行的效果，但是偶尔在图标中使用会让图标变得非常的生动有趣。

案例

● 制作缺角阴影效果

源文件路径

CH03>制作缺角阴影效果>制作缺角阴影效果.psd

素材路径

CH03>制作缺角阴影效果>刀叉.png

（扫码观看视频）

01 新建文档

执行【文件】>【新建】命令，在打开的【新建】对话框中设置参数，然后单击【确定】按钮，新建一个文档。

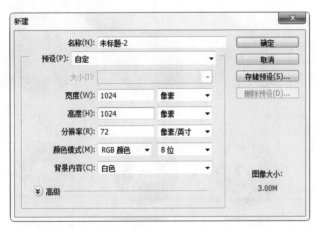

02 创建椭圆

选择【椭圆工具】，然后在画布中单击鼠标，创建一个椭圆。

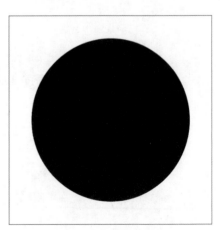

03 添加效果

双击该图层，打开【图层样式】对话框，然后选择【渐变叠加】选项，为图层添加一个从（R238，G156，B29）到（R255，G203，B65）的颜色渐变。

04 导入素材

执行【文件】>【打开】命令，打开【刀叉.png】文件，然后拖曳刀叉到当前图层文档中。

05 制作阴影

选择【钢笔工具】，在刀叉图层上方绘制出一个阴影的图形，图形不用贴着刀叉绘制，因为后续会制作剪贴蒙版。

06 制作效果

双击阴影图层，打开【图层样式】对话框，为图层添加一个从白色到黑色的颜色渐变。

07 调整效果

选择阴影图层，然后按组合键Ctrl+Alt+G将其作为剪贴蒙版作用于刀叉图层，接着设置图层不透明度为30%。

08 完成效果

使用同样的方法，为叉子添加上缺角阴影效果。参考此方法，可以将这种缺角阴影创建到整套图标中，让图标看起来更加生动。

4

不同风格 App 图标设计

区分不同风格的App图标

了解扁平化风格图标

了解拟物化风格图标

了解卡通风格图标

4.1 扁平化风格图标

　　要制作扁平化风格图标，需要了解什么是扁平化，扁平化最核心的概念是去掉冗余的装饰效果，让"信息"本身作为核心被凸显出来，在设计上强调抽象、极简、符号化。这里再次重点提醒，扁平化设计并不是意味着抛弃了所有的效果。

扁平化效果大多使用在手机上，界面中少量按钮和选项使得界面更加干净整齐，并且还要将信息和事物的工作方式展示出来，避免用户产生认知障碍的情况发生。

扁平化风格不仅使界面美观简洁、便于制作，还能达到降低内存使用、延长待机时间和提高运算速度等目的。因此，在目前快节奏的生活中，扁平化风格的优势是显而易见的。

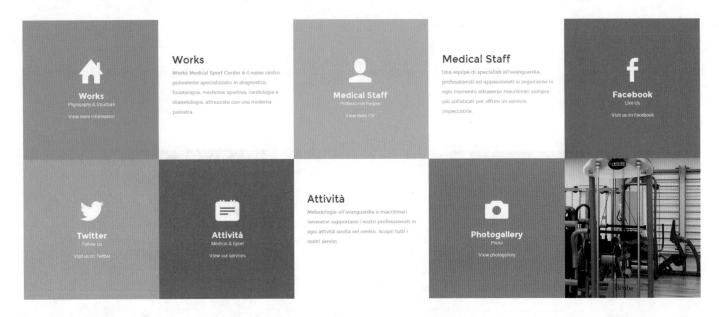

另外，随着要求适配不同屏幕尺寸的App越来越多，创建多个屏幕尺寸和分辨率的拟物化设计既烦琐又费时，相对来说，扁平化的设计可以保证在所有的屏幕尺寸上都能达到同样的效果，这样可以节省很多设计时间。

4.1.1 时钟图标

时钟图标是系统的基础组件之一，大家在制作时只需把握住时钟的必要元素，随意设计即可。

案例

● 制作时钟图标

源文件路径

CH04>制作时钟图标>制作时钟图标.psd

素材路径

无

（扫码观看视频）

01 新建文档

执行【文件】>【新建】命令，在打开的【新建】对话框中设置参数，然后单击【确定】按钮，新建一个文档。

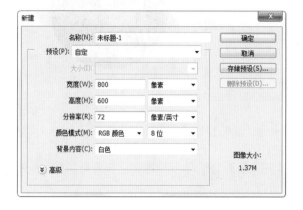

02 制作背景

按住Alt键双击背景图层，将背景图层转变成普通图层，然后执行【图层】>【图层样式】>【渐变叠加】命令，为图层添加一个从白色到（R221，G221，B221）的颜色渐变。

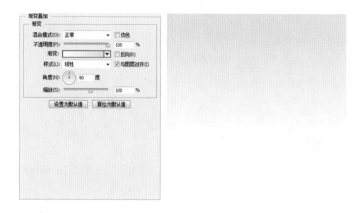

03 绘制圆角矩形

选择【圆角矩形工具】，然后在画布上单击鼠标，创建一个圆角矩形。

04 添加图层样式

双击圆角矩形图层，打开【图层样式】对话框，选择【渐变叠加】和【投影】样式，设置参数，渐变叠加的颜色和背景相反。

05 绘制圆形

选择【椭圆工具】，在画布上单击鼠标，创建一个圆形。

06 添加图层样式

双击圆形图层，打开【图层样式】对话框，选择【内阴影】、【渐变叠加】和【投影】样式，设置参数，渐变叠加颜色为从（R56，G56，B56）到（R98，G98，B98）。

07 绘制圆形

选择【椭圆工具】，在画布上单击鼠标，创建一个圆形。

08 添加图层样式

双击圆形图层，打开【图层样式】对话框，选择【描边】和【投影】选项，设置参数。

09 制作时针、分针

选择【圆角矩形】工具，创建出两个圆角矩形分别作为时针和分针，然后将它们分别旋转并放置在顶部圆形图层的下方。

10 制作效果

在白色圆形图层上单击鼠标右键选择【拷贝图层样式】命令，接着选择时针和分针的图层，单击鼠标右键选择【粘贴图层样式】命令。

11 制作秒针

选择【圆角矩形工具】，然后在画布上单击鼠标，创建一个圆角矩形，颜色为（R153，G21，B31），接着复制时针或分针的图层样式到秒针上。

12 制作顶圆

选择【椭圆工具】，然后在画布上单击鼠标，创建一个圆角矩形，颜色为（R153，G21，B31），接着给它添加一个淡淡的【投影】样式。

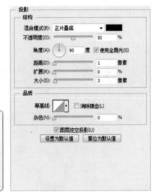

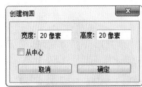

4.1.2 火箭图标

本案例制作的是火箭图标，除模拟火箭外观以外，还采用了长阴影的效果，并且搭配点缀的星辰也是设计中比较精妙的技巧。

案例

● 制作火箭图标

源文件路径

CH04>制作火箭图标>制作火箭图标.psd

素材路径

无

（扫码观看视频）

094

01 新建文档

执行【文件】>【新建】命令，在打开的【新建】对话框中设置参数，然后单击【确定】按钮，新建一个文档。

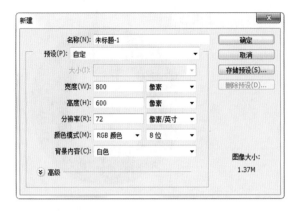

02 绘制圆形

选择【椭圆工具】，然后在画布上单击鼠标，创建一个圆。

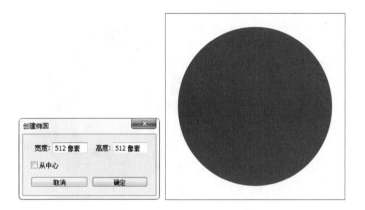

03 绘制椭圆

选择【椭圆工具】，然后在画布上单击鼠标，创建一个椭圆。

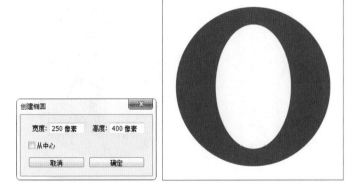

04 编辑图形

选择【转换点工具】，然后在椭圆最上面的锚点上单击鼠标，将其转换为一个尖角。

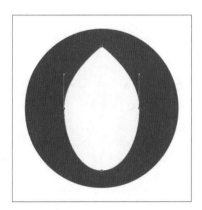

05 制作底部

选择【圆角矩形工具】，然后在选项栏中设置参数，接着在画布中绘制一个矩形，布尔出不需要的区域。

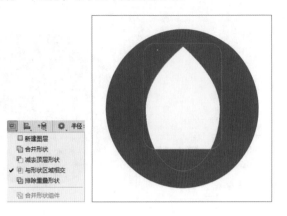

06 制作顶部

选择【椭圆工具】，在火箭图层上方绘制一个椭圆，大小自定，颜色为（R215，G79，B65）。

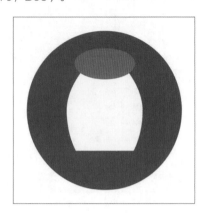

07 创建剪贴蒙版

选择椭圆图层，然后按组合键Ctrl+Alt+G将其作为剪贴蒙版作用于火箭身体。

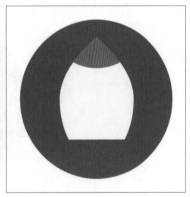

08 制作暗面

选择【矩形工具】，在火箭顶部图层上面创建一个能覆盖火箭右边的矩形，颜色为黑色。

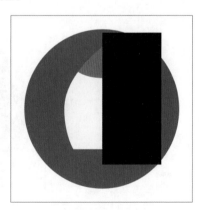

09 创建剪贴蒙版

选择矩形图层，然后按组合键Ctrl+Alt+G将其作为剪贴蒙版也同样作用于火箭身体，接着设置图层不透明度为30%。

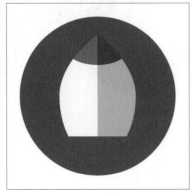

10 绘制窗户

选择【椭圆工具】，为火箭绘制上窗户，颜色为（R44，G44，B44）。

11 绘制内部内圈

选择【椭圆工具】，为火箭绘制上窗户内圈，颜色为（R99，G128，B142）。

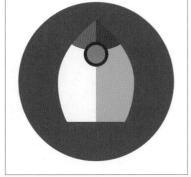

12 绘制侧翼

选择【椭圆工具】，然后在画布上单击鼠标，在底部圆形图层上面创建一个椭圆图层，接着使用【直接选择工具】将椭圆下面的锚点向下拖动。

13 绘制右侧翼

　　选择【转换点工具】，然后单击椭圆最下面的锚点，将其转换成一个尖角，接着使用【直接选择工具】选择所有锚点，按组合键Ctrl+J将其复制一次，隐藏其中一个图层，最后按组合键Ctrl+T将其旋转并移动至火箭右边。

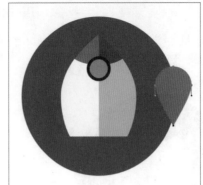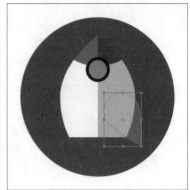

14 绘制左侧翼

　　复制右侧翼的图层，然后执行【编辑】>【变换路径】>【水平翻转】命令，将其移动至火箭左边。

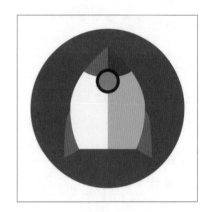

15 绘制中翼

　　显示刚才隐藏的侧翼图层，将其移动至图层最上方，并将它与其他两个侧翼显示出来的顶部对齐。

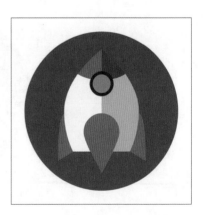

16 编辑中翼

选择中翼，然后按组合键Ctrl+T将其横向缩小，接着使用【直接选择工具】，选择它最下面的锚点，将其与其他侧翼的底部对齐。

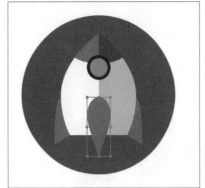 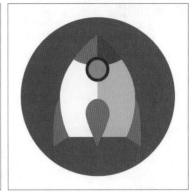

17 绘制矩形

选择【矩形工具】，在画布上绘制一个黑色矩形，然后设置它的图层不透明度为50%。

18 制作长阴影

选择矩形图层，然后将其旋转-45°，将右上角的锚点对准火箭顶部，接着使用【直接选择工具】，同时拖曳左侧的两个锚点移动到火箭左下的位置。

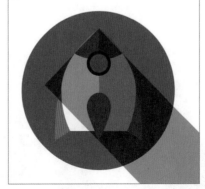 

将阴影图层移动到最底部圆形图层的上方，接着按组合键 Ctrl+Alt+G将其创建为剪贴蒙版。

使用【圆角矩形工具】绘制出火箭的底座，接着使用【椭圆工具】随意绘制一些圆形模拟太空中的星辰，颜色为（R255，G235，B208），淡黄色可以让图标更有层次感。

4.2 拟物化风格图标

拟物化风格是通过模拟物体本身材质的质感、细节和光影等，达到一种更接近于真实的效果。虽然立体质感更加真实和富有情感，但是立体质感的图标有一个比较严重的缺点：现在手机的尺寸繁多，如果改变图标的尺寸，对应的效果和质感也必须重新设计，这样会大大地加重设计的工作量和时间，让设计变得非常繁杂。

4.2.1 水晶质感按钮

本案例制作的是水晶质感按钮，主要通过对质感的控制制作出水晶的效果，水晶效果的重点比较偏向于对高光的掌握。

案例

● 制作水晶质感按钮

源文件路径

CH04>制作水晶质感按钮>制作水晶质感按钮.psd

素材路径

无

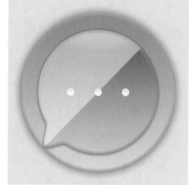

（扫码观看视频）

---

01 新建文档

执行【文件】>【新建】命令，在打开的【新建】对话框中设置参数，然后单击【确定】按钮，新建一个文档。

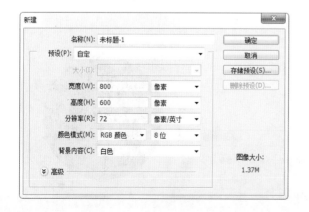

02 制作背景

设置前景色为（R195，G229，B150），然后为按组合键Alt+Delete为背景填充前景色。

---

03 绘制圆形

选择【椭圆工具】，然后在画布上单击鼠标，新建一个圆形，颜色为黑色。

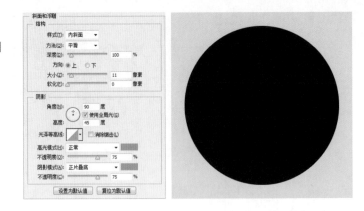

04 添加图层样式

双击椭圆图层，打开【图层样式】对话框，然后选择【斜面和浮雕】、【渐变叠加】和【投影】样式，渐变叠加的颜色从（R179，G219，B191）到（R60，G129，B100）。

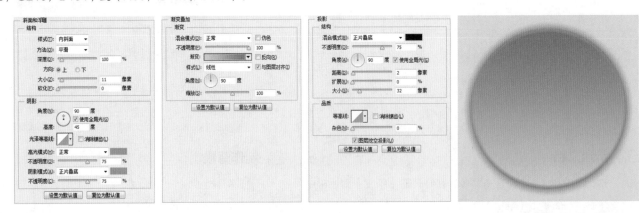

05 绘制圆形

选择【椭圆工具】，然后在画布上单击鼠标，新建一个圆形，颜色为黑色。

06 添加锚点

使用【添加锚点工具】为圆形添加锚点，然后使用【直接选择工具】将锚点向外拉出。

07 添加图层样式

双击椭圆图层，打开【图层样式】对话框，然后选择【斜面和浮雕】、【渐变叠加】和【投影】样式，渐变叠加的颜色从（R179，G219，B191）到（R60，G129，B100）。

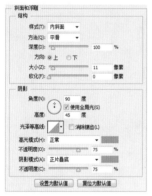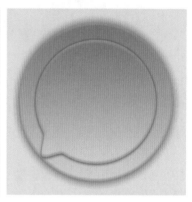

08 制作暗边

选择【矩形工具】，新建一个黑色矩形覆盖圆形的一半。

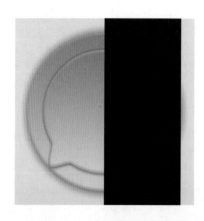

09 旋转矩形

选择黑色矩形，然后按组合键Ctrl+T将其旋转45°，接着将其对准圆形的中心点。（圆形突出来的角可以先不管，制作好之后再对其进行旋转对齐即可）

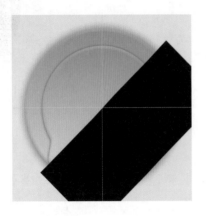

10 制作效果

选择黑色矩形，然后设置图层混合模式为【叠加】，不透明度为40%，接着按组合键Ctrl+Alt+G将其创建为剪贴蒙板。

11 制作亮边

选择【矩形工具】，新建一个白色矩形覆盖圆形的一半。

12 旋转矩形

选择白色矩形，然后按组合键Ctrl+T将其旋转45°，接着将其对准圆形的中心点。

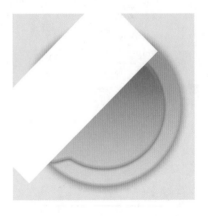

13　制作效果

选择白色矩形，然后设置图层混合模式为【叠加】，不透明度为40%，接着按组合键Ctrl+Alt+G将其创建为剪贴蒙板。

14　制作高光

选择【椭圆工具】，然后在图标的上方绘制一个白色椭圆，接着设置图层不透明度为35%。

15　制作效果

选择椭圆图层，然后在【属性】面板设置【羽化】值为15像素，接着按组合键Ctrl+Alt+G将其创建为剪贴蒙板。

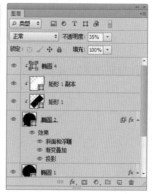

16 绘制圆形

选择【椭圆工具】，然后在画布中心绘制一个圆形，大小自定。

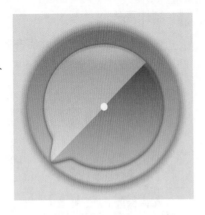

17 复制圆形

选择圆形，然后按组合键Ctrl+J将其复制两次，并将复制的两个圆形依次向左、向右移动。

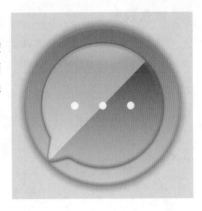

18 绘制矩形

选择【矩形工具】，在3个圆形的上半部分绘制一个矩形，接着按组合键Ctrl+Alt+G将其创建为剪贴蒙版。

4.2.2 调节按钮图标

本案例主要通过拟物化设计来制作控制开关的图标。

案例

● 制作调节按钮图标

源文件路径

CH04>制作调节按钮图标>制作调节按钮图标.psd

素材路径

无

〔扫码观看视频〕

01 新建文档

执行【文件】>【新建】命令,在打开的【新建】对话框中设置参数,然后单击【确定】按钮,新建一个文档。

02 制作背景

设置前景色为(R180,G180,B180),然后按组合键Alt+Delete为背景填充前景色。

03 绘制圆形

选择【椭圆工具】,然后在画布上单击鼠标,新建一个圆形,颜色为(R180,G167,B167)。

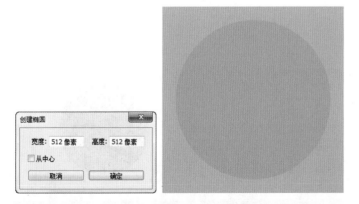

04 添加描边

双击圆形图层,打开【图层样式】对话框,然后选择【描边】样式,设置参数,渐变的颜色为从(R149,G134,B134)到(R225,G221,B221)。

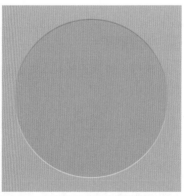

05 绘制圆形

选择【椭圆工具】，然后在画布上单击鼠标，新建一个圆形，颜色为（R214，G214，B214）。

06 添加图层样式

双击圆形图层，打开【图层样式】对话框，然后选择【描边】和【投影】选项，设置参数，渐变的颜色为从（R149，G134，B134）到（R221，G216，B216）。

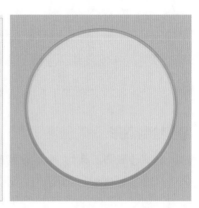

07 创建圆形

选择【椭圆工具】，然后在画布上单击鼠标，新建一个黑色圆形。

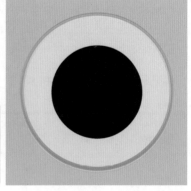

08 制作投影

双击圆形图层，打开【图层样式】对话框，选择【描边】样式，设置参数。

 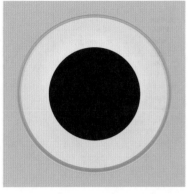

09 设置填充

选择该圆形图层，然后设置它的图层填充为0%，使其只显示投影的效果。

10 绘制圆形

选择【椭圆工具】，然后在画布上单击鼠标，新建一个圆形。

 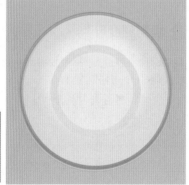

11 制作立体效果

双击圆形图层，打开【图层样式】对话框，然后选择【斜面和浮雕】、【外发光】和【投影】样式，设置参数。

   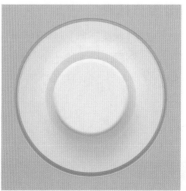

12 制作刻度尺

选择【圆角矩形工具】，然后在图标的左边任意绘制一个刻度尺。

13 添加描边

双击圆角矩形图层，打开【图层样式】对话框，然后选择【投影】选项，设置参数，模拟出刻度尺凹陷的效果。

14 复制刻度尺

选择刻度尺，然后按组合键Ctrl+J将其复制4次，接着将其旋转并移动至不同的位置。

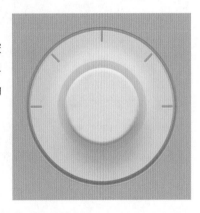

15 制作选中效果

选择第2个刻度尺，然后改变它的颜色为（R230，G0，B18）。

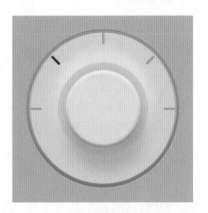

16 制作标识

选择【椭圆工具】，随意绘制一个圆形，放置在选中刻度尺的位置，然后给它添加一个【渐变叠加】图层样式，渐变的颜色为从（R244，G244，B244）到（R200，G200，B200）。

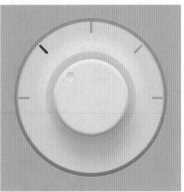

4.3 卡通风格图标

除了扁平化风格和拟物化风格，卡通风格也可以自成一系。描边卡通是卡通风格中比较实用的一种，其实现方法简单，通过布尔运算、路径和锚点就可以轻松地制作卡通风格图标。

4.3.1 描边卡通一

本案例制作的是一个描边卡通的冰棍图标，大家需要注意掌握其制作方法，以学会制作更多的图标。

案例

● 制作描边卡通一

源文件路径

CH04>制作描边卡通一>制作描边卡通一.psd

素材路径

无

（扫码观看视频）

01 新建文档

执行【文件】>【新建】命令，在打开的【新建】对话框中设置参数，然后单击【确定】按钮，新建一个文档。

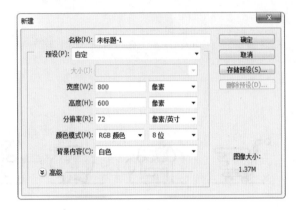

02 创建圆角矩形

选择【圆角矩形工具】，然后在画布上单击鼠标，新建一个圆角矩形。

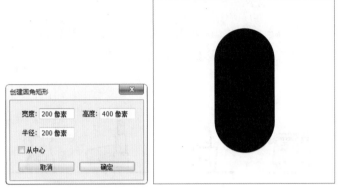

03 调整形状

选择【直接选择工具】，将圆角矩形最下面的锚点向上移动。

04 调整选项栏

选择圆角矩形图层，然后按组合键Ctrl+J将其复制一次（在复制时注意将所有锚点选中），接着改变复制出来的图层的选项栏参数，再将下面的图层隐藏观察效果。

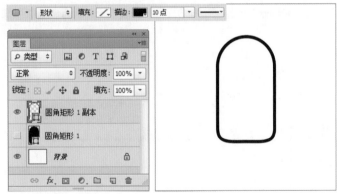

05 添加锚点

选择【添加锚点工具】，在该路径上任意添加一些锚点，然后选择【直接选择工具】选取部分锚点并将其删除，接着将所有锚点选中，将其端点改为圆角。

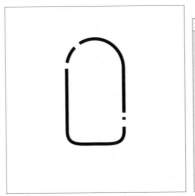
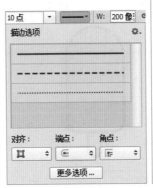
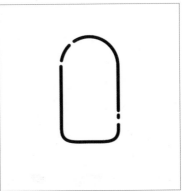

06 改变颜色

选择填充效果的圆角矩形，然后将填充颜色更改为（R0，G183，B238），并将其向右移动。

07 制作阴影

利用形状工具中的【减去顶层形状】，布尔出阴影的效果，颜色为（R41，G142，B173）。

08

制作把手

选择【椭圆矩形工具】，然后在背景图层上方制作出把手，颜色为（R245，G206，B176）。

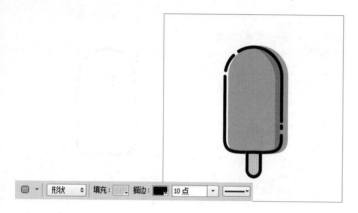

制作高光

选择【钢笔工具】和【椭圆工具】，在画布中绘制高光的效果。

制作眼睛

选择【椭圆工具】，在画布中绘制出眼睛的效果。

制作嘴巴

先用【椭圆工具】绘制一个圆形，然后使用【直接选择工具】删除上方的锚点，再使用【圆角矩形工具】绘制一个同样尺寸的圆角矩形，将它们放置在一起制作出嘴巴的效果（这里暂时改变颜色以观察制作效果）。

12 制作舌头

选择【圆角矩形工具】，为嘴巴绘制出一个舌头的效果，颜色为（R244，G98，B100）。

13 绘制边缘

选择【钢笔工具】，绘制出地面，然后配合使用【添加描点工具】和【直接选择工具】，绘制出地面的效果来，接着将所有端点选中更改为圆角。

14 添加效果

配合使用【椭圆工具】和【圆角矩形工具】，绘制出很多小图案，让画面更加丰富。

4.3.2 描边卡通二

本案例制作的是一个描边卡通的太阳图标,通过本案例大家需要理解描边卡通的设计要点,以学会通过观察物体的特点制作出更多的描边卡通图案。

● 制作描边卡通二

源文件路径

CH04>制作描边卡通二>制作描边卡通二.psd

素材路径

无

（扫码观看视频）

01 新建文档

执行【文件】>【新建】命令,在打开的【新建】对话框中设置参数,然后单击【确定】按钮,新建一个文档。

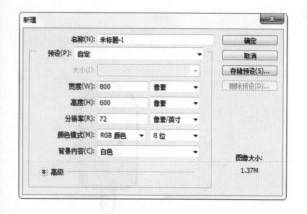

02 创建圆

选择【椭圆工具】,然后在画布上单击鼠标,新建一个椭圆。

03 调整选项栏

选择椭圆图层，然后按组合键Ctrl+J将其复制一次，接着改变复制出来的图层的选项栏参数，再将下面的图层隐藏观察效果。

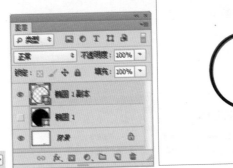

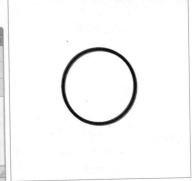

04 添加锚点

选择【添加锚点工具】，在该路径上任意添加一些锚点，然后选择【直接选择工具】选取部分锚点并将其删除，接着将所有锚点选中，将其端点改为圆角。

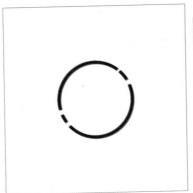

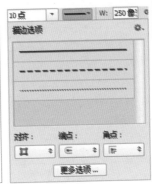

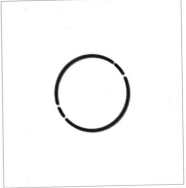

05 改变颜色

选择填充效果的圆角矩形，然后将填充颜色更改为（R255，G217，B26），并将其向右移动。

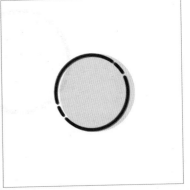

06 制作阴影

利用形状工具中的【减去顶层形状】，布尔出阴影的效果，颜色为（R41，G142，B173）。

07 绘制光芒

使用同样的方法绘制出太阳光芒的效果。

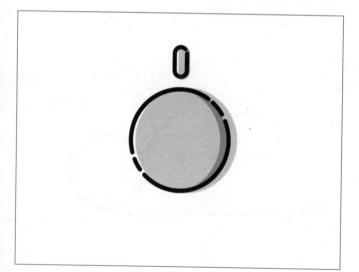

08 复制光芒

将所有光芒的图层成组，然后分别复制到不同的地方。

09 制作眼睛

选择【椭圆工具】，在画布中绘制出眼睛的效果。

10 制作嘴巴

先用【椭圆工具】制作一个圆形，然后使用【直接选择工具】删除上方的锚点，再使用【圆角矩形工具】绘制一个同样尺寸的圆角矩形，将它们放置在一起制作出嘴巴的效果。

11 制作舌头

选择【圆角矩形工具】，为嘴巴绘制出一个舌头的效果，颜色为（R244，G98，B100）。

12 制作红晕

选择【圆角矩形工具】，在画布上绘制出红晕的效果，然后按组合键Ctrl+J将其复制一次，并将其移动到右边。

13 绘制边缘

选择【钢笔工具】，绘制出地面，然后配合使用【添加描点工具】和【直接选择工具】，绘制出地面的效果，接着将所有端点选中更改为圆角。

14 添加效果

配合使用【椭圆工具】和【圆角矩形工具】，绘制出很多小图案，让画面更加丰富。

5

不同风格 App 界面设计

了解各种界面的特点
掌握扁平化和拟物化感界面特色
掌握iOS手机界面风格
掌握安卓手机界面风格

5.1 浅谈App界面设计

在App设计中，App的整体风格决定了界面的走向，它通过颜色的搭配、界面的布局和图标的表现等给用户呈现出一个整体的视觉感受。

App的设计风格从视觉效果上可以给用户传达一些重要信息，比如App的整体基调和目标人群等。

以豆瓣和豆瓣东西这两款App为例，豆瓣使用了绿色、浅灰色和白色这三种主要的颜色搭配，其灵活的布局和简便的操作给用户带来了活力、新鲜和清爽的感觉；而豆瓣东西则主要采用了红色、橙色和白色，其颜色搭配给用户带来了热情、兴奋和欢乐的感觉。

那么问题来了，出自同一家公司的两款App，为什么设计风格差别如此之大？这正是由于产品定位和目标用户带来的不同：豆瓣提供了关于书籍、电影、音乐等作品的信息，无论是作品描述还是评论都由用户自己提供，同时App还提供同城活动等多种服务功能，主打的是和有趣的人做有趣的事，这种高度自由化的定位，注定了豆瓣的目标人群多数为追求个性和思想较为独立的年轻人，因此也决定了豆瓣App的设计需要呈现出活力、新鲜和清爽感；而豆瓣东西作为一款基于用户UGC（互联网术语，也就是用户原创内容）的购物发现与分享平台，它通过用户间分享某款商品及其使用体验，帮助用户发现适合自己的好东西，主打发现东西，这种App的定位为购物类，它通过红色和橙色带来的刺激和兴奋感，可以吸引易冲动的买家作为主要客户群。

作为设计师，在设计一款界面之前，需要了解产品定位及产品的用户人群，根据需求来制作一个最适合产品的风格。本章将讲解各种界面之间的区别，从不同方向对App界面的种类做一个划分，对热门App进行系统全面的制作。

5.2 扁平化界面风格

本节讲解目前比较主流的3种扁平化界面风格的设计过程，分别是安卓手机扁平化风格、iOS手机扁平化风格和Windows手机扁平化风格。这种风格通过简洁的图标、文字和色彩搭配呈现出一种现代简约的感觉。由于这是图标与界面之间的过渡章节，在安卓界面中特别添加了步骤分解，而在后面其他章节中不会出现。

案例

● 安卓手机扁平化风格锁屏界面

源文件路径

CH05>安卓手机扁平化风格锁屏界面>安卓手机扁平化风格锁屏界面.psd

素材路径

无

尺寸规范

720px×1280px

设计分析

本案例采用一个较有层次感的深色背景搭配白色图标和字体，利用简单的搭配制作出一种简约大气的感觉。对于背景制作在色彩上没有强硬的要求，使用多种颜色的叠加制作出一种层次感十足的效果。

〔扫码观看视频〕

01 新建文档

执行【文件】>【新建】命令，或按
组合键Ctrl+N，在打开的【新建】对话框
中设置参数和选项，然后单击【确定】按
钮，新建空白图像文件。

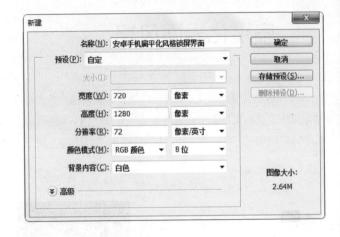

02 绘制状态栏

选择【矩形工具】，然后在属性栏设
置模式、填充和描边，接着在画面中绘制
出一个高度为50px的黑色矩形。目前制作
该矩形是为了观察状态栏的效果，在后期
可以随时进行隐藏。

03 绘制信号图标

使用【圆角矩形工具】在状态栏先
绘制一个白色圆角矩形，然后通过复制
图层调整大小和位置的方法，绘制出信
号图标。

04 绘制无线网图标（步骤分解）

▶ 新建一个500px×500px的黑色背景文档，然后使用【椭圆工具】绘制一个正圆。

▶ 复制图层然后通过缩小的方法来绘制圆环。

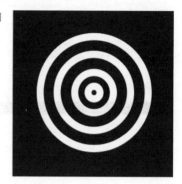

▶ 使用【直接选择工具】将多余的锚点删除。

▶ 继续使用【直角选择工具】将所有曲线的端点设置为圆角。

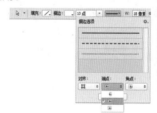

▶ 最后，将所有无限网图层合并旋转，就可以缩放进界面中使用了。

05 绘制电池

选择【圆角矩形工具】，在选项栏设置参数，然后在画面中绘制电池图形，接着使用【矩形工具】在电池图层下面绘制红色矩形，模拟出一个低电量的效果，最后使用【横排文字工具】添加上运营商的文字，让界面更加真实。

06 制作背景

这里使用渐变和滤镜制作一个背景，设置前景色为黑色，背景色为白色，然后将背景图层转换成智能对象，接着执行【云彩】滤镜命令。

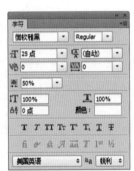

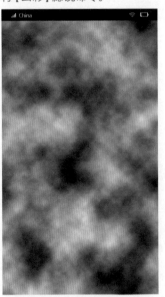

07 添加滤镜效果

选择背景图层，然后执行【马赛克】滤镜命令，接着执行【高反差保留】滤镜命令，然后按组合键Ctrl+J将当前图层复制一次，并改变图层混合模式为叠加。

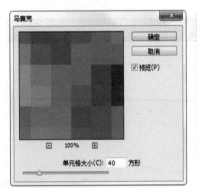
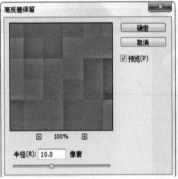

08 添加色彩

新建一个图层，然后改变图层混合模式为【颜色】，接着使用【渐变工具】在该图层上任意绘制得到层次鲜明的背景，这里不需要详细的颜色，随意的绘制，背景都会非常鲜明。

09 添加时间

时间在一个锁屏界面中应该是最醒目的，所以在界面中上的位置使用【横排文字工具】添加上时间的文字。

10 添加图层样式

分别为两个文字图层添加【投影】图层样式。

11 添加日期

继续使用【横排文字工具】在锁屏界面上添加日期的文字。

12 绘制解锁图形（步骤分解）

> 新建一个500px×500px的黑色背景文档，然后使用【椭圆工具】绘制一个正圆。

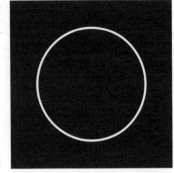

> 选择【圆角矩形工具】，在圆内绘制一个圆角矩形，绘制出锁的形状。

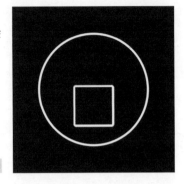

> 选择【椭圆工具】，绘制出锁梁。

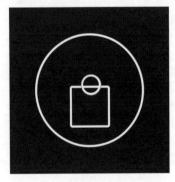

> 使用【添加锚点工具】在锁梁上添加锚点。

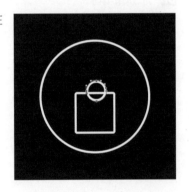

> 使用【直接选择工具】删除锚点，绘制出锁的整体，然后将该曲线端点设置为圆角并调整位置。

> 在文档中直接制作的效果。

13 绘制解锁辅助图形

使用【多边形工具】在界面中绘制图形，然后使用【直接选择工具】删除一些锚点，将端点改变为圆角，接着复制几次，将其改变成阶梯式透明的效果。

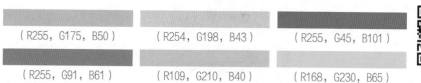

● 安卓手机扁平化风格主题界面

源文件路径

CH05>安卓手机扁平化风格主题界面>安卓手机扁平化风格主题界面.psd

素材路径

无

尺寸规范

720px×1280px

案例

设计分析

本案例的按钮配色是色彩搭配中比较精美的一种方法——类似色搭配。一个简单的类似色渐变，可以让颜色看起来没有那么古板。本案例中的弥散阴影是目前比较流行的一种设计方式，需要重点学习。下面介绍3组类似色的颜色值供参考。

（R255，G175，B50）	（R254，G198，B43）	（R255，G45，B101）
（R255，G91，B61）	（R109，G210，B40）	（R168，G230，B65）

（扫码观看视频）

01 新建文档

执行【文件】>【新建】命令, 新建一个空白图像文件, 在【新建】对话框中设置参数, 然后将背景图层转换为智能对象。

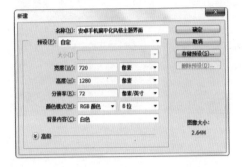

02 制作背景

设置前景色为(R255, G240, B195), 背景色为白色, 然后执行【云彩】滤镜命令, 接着执行【晶格化】滤镜命令, 再执行【进一步锐化】滤镜命令。

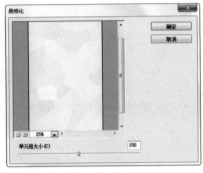

03 绘制主菜单栏

使用【矩形工具】绘制一个高度为96px的矩形, 然后设置矩形的不透明度为50%。

04 绘制信号、无线网和电池等图标，并添加时间

使用【矩形工具】绘制出一个高度为50px的矩形框，设置其不透明度为50%，然后制作出界面的信号、无线网和电池图标，接着使用【横排文字工具】为界面添加时间和运营商的文字。

05 绘制主菜单栏按钮

依次使用【多边形工具】、【椭圆工具】和【圆角矩形工具】为主菜单栏绘制返回键、Home键和菜单键。

06 绘制主屏幕时间

使用【横排文字工具】在主屏幕上添加上时间的文字，字体颜色为（R47, G35, B9）。

▶ 在一个500px×500px的
文档中绘制出一个正圆。

▶ 使用【圆角矩形工具】绘
制出太阳的光芒。

▶ 将圆角矩形复制一次，然后
将其拖曳到圆形下方，接着按组
合键Ctrl+E将两个圆角矩形图层
合并。

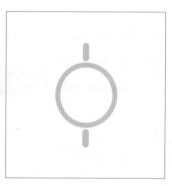

▶ 将刚才合并的【圆角矩形 1
副本】图层复制一次，然后使用
组合键Ctrl+T将它旋转45°。

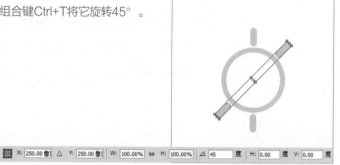

▶ 多复制几次，并使用组合
键Ctrl+T旋转角度来绘制出太
阳的图形。

▶ 在文档中直接制作，颜色
为（R254，G197，B43），
然后使用【横排文字工具】添
加上温度的文字。

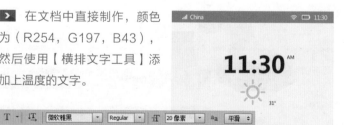

08 绘制日期、地点

　　使用【横排文字工具】添加上日期和
地点的文字。

09 绘制按钮

　　使用【多边形工具】绘制出8个多边
形，8个多边形要位于不同图层，注意调整
它们的位置和间距。

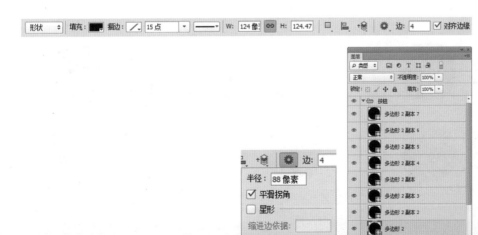

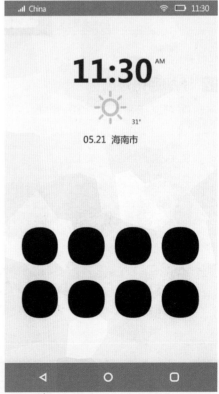

10 为按钮制作颜色

选择一个多边形，执行【图层】>【图层样式】>【渐变叠加】命令，然后为它添加一个从（R255，G175，B50）到（R254，G198，B43）的类似色渐变。

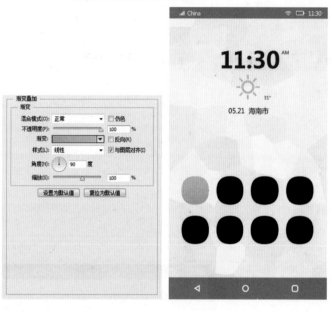

11 制作其他按钮

使用同样的方法，制作出其他图标的类似色渐变效果。

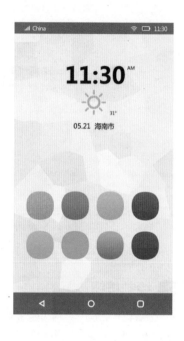

12 添加通讯录图标

直接在画布中绘制出通讯录图标。

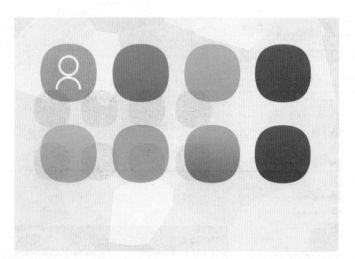

13 绘制搜索和设置图标

使用【椭圆工具】和【钢笔工具】绘制出搜索图标，然后使用绘制太阳的方法绘制出设置图标。

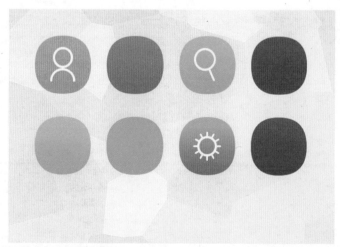

14 绘制其他图标

使用【自定义形状工具】绘制出其他图标。

15 制作精美弥散阴影（步骤分解）

▶ 将按钮拖入一个500px×500px的文档，选择一个按钮图层，将其复制一次。

▶ 选择下面一个图层，设置其不透明度为60%，将其向下移动15px，然后等比缩小90%。

▶ 在【属性】面板中，设置羽化值为10像素，这就是当前比较流行的弥散阴影。

▶ 制作好的第一个弥散阴影效果。

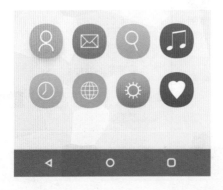

16 为所有按钮制作弥散阴影

为所有按钮添加一个弥散阴影的效果，本案例制作完成。

● iOS手机扁平化风格聊天界面

源文件路径

CH05>iOS手机扁平化风格聊天界面>iOS手机扁平化风格聊天界面.psd

素材路径

CH05>iOS手机扁平化风格聊天界面>iOS手机扁平化风格聊天界面素材.psd

尺寸规范

1080px × 1920px

设计分析

本案例设计的是聊天界面，在设计时需要注意对间距的掌握和对内容的控制。在设计时构思好需要什么、不需要什么、用什么方法来区分，尽量做到用最少的按钮来显示最需要的功能。

（R237，G241，B244）　　　（R86，G90，B93）　　　（R197，G203，B207）

（扫码观看视频）

01 新建文档

新建一个1080px×1920px的文档，然后设置前景色为（R237, G241, B244），接着按组合键Ctrl+Delete为背景图层填充前景色。

02 添加状态栏图标

执行【文件】>【打开】命令，打开【iOS手机扁平化风格聊天界面素材.psd】文件，然后使用【移动工具】拖曳状态栏组到当前文档，调整至合适位置。

03 绘制菜单图标

使用【圆角矩形工具】在画布左上方绘制圆角矩形，颜色为（R217，G221，B224），然后复制两次，制作出菜单按钮。

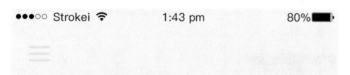

04 绘制设置图标

使用【椭圆工具】和【圆角矩形工具】绘制出设置按钮。

05 添加文本作为导航提示

使用【横排文字工具】为界面添加文字，将其作为按钮使用，文字颜色为（R86，G90，B93）。

06 添加文本作为导航按钮

使用【横排文字工具】为界面添加文字，使用文字作为按钮，是为了简化界面设计，让界面看起来更加清爽和大气。通过颜色来区分选中和未选中的按钮，选中的按钮颜色为（R86，G90，B93），未选中的按钮颜色为（R217，G221，B224）。

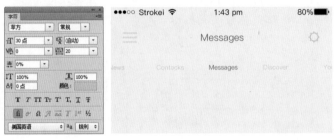

07 为选中按钮添加辅助标志

选择【钢笔工具】，设置参数，然后使用【钢笔工具】绘制出选中按钮的辅助标志。

08 制作人物头像

使用【椭圆工具】绘制出人物头像的形状，然后打开【iOS手机扁平化风格聊天界面素材.psd】文件，再使用【移动工具】拖曳人物到椭圆形状图层上方，接着按组合键Ctrl+Alt+G创建一个剪贴蒙版。

09 完善信息窗口

使用【横排文字工具】制作出人物信息，人物信息制作时应尽量简洁并切合主题，作为聊天信息窗口，有人物的姓名和最后一次消息的时间即可。

10 绘制未读消息聊天图标

使用【圆角矩形工具】配合【椭圆工具】绘制出聊天图标的主体形状，然后使用【多边形工具】完善图标。绘制时设置其颜色为（R86，G90，B93），是为了和后续绘制的已读消息聊天图标区分开来。

11 绘制已读消息聊天图标

将信息窗口的所有图层直接放入一个组，然后按组合键Ctrl+J进行复制移动，移动以后直接制作头像内容和文本信息即可，接着将已读聊天信息颜色改为（R217，G221，B224），这样做可以节省很多步骤，避免重复绘制，减少了工作量，同时也保证了一致性。

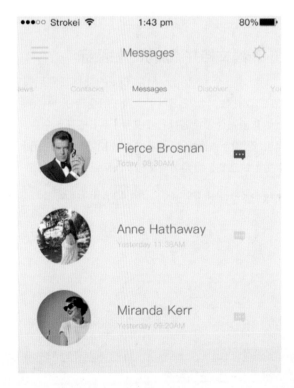

● iOS手机扁平化风格对话窗口界面

源文件路径

CH05>iOS手机扁平化风格对话窗口界面>iOS手机扁平化风格对话窗口界面.psd

素材路径

CH05>iOS手机扁平化风格对话窗口界面>iOS手机扁平化风格对话窗口界面素材.psd

尺寸规范

1080px×1920px

设计分析

本例和之前的一个iOS案例有一个设计上的搭配，除了颜色的搭配，同时也继承其简单的风格，一切不需要的因素都可以剔除，只留下需要的设计即可。

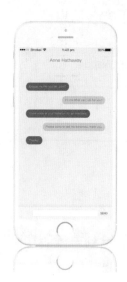

（扫码观看视频）

01 新建文档并添加状态栏图标

新建一个1080px×1920px的文档，然后设置前景色为（R237，G241，B244），再按组合键Ctrl+Delete为背景图层填充前景色，接着执行【文件】>【打开】命令，打开【iOS手机扁平化风格聊天界面素材.psd】文件，并使用【移动工具】拖曳【状态栏】组到当前文档，调整至合适位置。

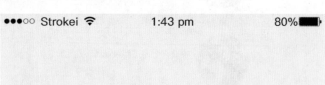

02 绘制返回图标

使用【自定义形状工具】绘制出箭头图标，然后使用【直接选择工具】调整锚点位置，调整出一个合适的箭头图标。

03 添加标题文字和最后聊天时间文字

使用【横排文字工具】添加当前对话窗口的标题文字和最后聊天时间文字。

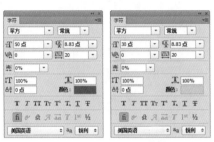

04 绘制对话框

使用【圆角矩形工具】绘制出对话框。

05 添加对话文本

使用【横排文字工具】添加对话的文本，注意在调整对话框的大小时，不能使用组合键Ctrl+T进行调整，它会导致圆角的变形，建议使用【直接选择工具】对锚点进行调整。

06 绘制剩下的对话框和文本

使用【圆角矩形工具】和【横排文字工具】绘制出剩下的对话框和文字信息。在绘制剩下的对话框时，可以使用组合键Ctrl+J复制圆角矩形，然后改变圆角矩形的颜色并调整圆角锚点的位置。需要注意对话框之间的距离要保持一致。

07 绘制底框

使用【矩形工具】绘制出界面的底框效果，填充的颜色为（R241，G245，B248），然后为绘制的矩形添加一个向上的投影，让底框与聊天的主界面能拉开一个距离，使画面有一个层次感。

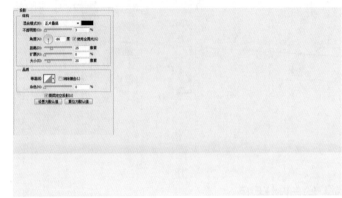

08 绘制输入框

使用【圆角矩形工具】在底框的正中位置绘制出一个圆角矩形，然后给圆角矩形添加一个外发光的效果。

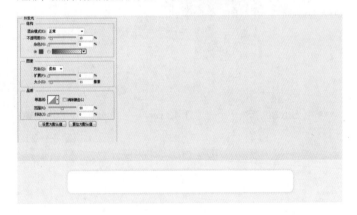

09 添加发送按钮完成界面

使用【横排文字工具】绘制出发送按钮，对话窗口的界面就制作完成了。

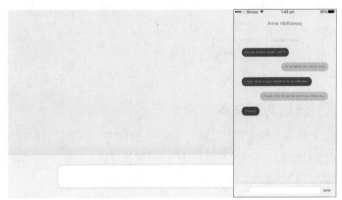

● Windows手机扁平化风格主界面

源文件路径

CH05>Windows手机扁平化风格主界面>Windows手机扁平化风格主界面.psd

素材路径

CH05>Windows手机扁平化风格主界面>Windows手机扁平化风格主界面素材.psd

尺寸规范

720px×1280px

设计分析

Windows phone在近年来的设计风格比较统一，都是采用矩形色块加图标的方式，优点是比较清晰灵活，表达的信息也很直接。本案例使用的色彩主要为黑色、深灰色和红色，搭配小篇幅绿色的色块，本案例设计遵从Windows手机特色，设计出统一又不单调的感觉。

（R232，G17，B35）　　　　（R41，G41，B41）　　　　（R119，G187，B68）

（扫码观看视频）

01 新建文档

新建一个720px×1280px的文档，然后将背景填充为黑色。

02 绘制网络、电池图标和时间文字

使用【矩形工具】绘制出网络和电池图标，使用【横排文字工具】绘制出时间的文字，绘制时注意间距，建议绘制一个高度为50px的矩形作为辅助参考，在不需要时将其隐藏即可。

03 绘制矩形按钮

使用【矩形工具】，在文档中绘制一个颜色为（R232，G17，B35）、宽度为324px的正方形，注意正方形距离红色辅助矩形和画布左边都为24px。

04 绘制其他形状的矩形按钮

通过复制结合自由变换功能绘制完剩下的矩形按钮。在绘制时建议配合使用标尺和网格工具让绘制的图形更加精确，绘制时所有间距都为24px，绿色为（R119，G187，B68），深灰色为（R41，G41，B41）。

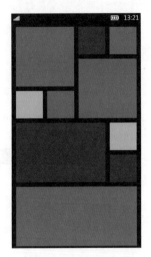

05 绘制相机图标

使用【圆角矩形工具】、【椭圆工具】和【钢笔工具】绘制出相机图标。

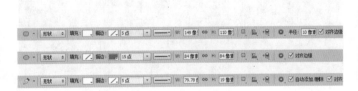

06 绘制语音图标

使用【椭圆工具】绘制出语音图标，外围的椭圆设置其不透明度为50%。

07 绘制天气图标

使用【椭圆工具】和【矩形工具】绘制出天气图标，绘制方法为上层的圆形用椭圆工具绘制，下层叠加一个矩形即可。

08 绘制Windows图标

使用【矩形工具】和【直接选择工具】绘制出Wndows图标，绘制方法为先绘制出矩形然后调整锚点。

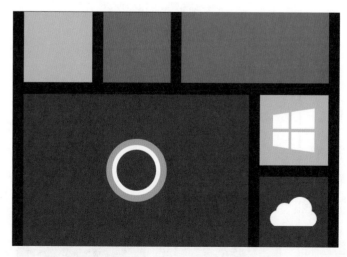

09 绘制剩下的图标

剩下图标的绘制可通过打开【Windows手机扁平化风格主界面素材.psd】文件，导入里面的图标实现，也可以自己通过各种工具绘制。这里注意在绘制时图标大小不用过于保持一致，大大小小的错落感可以让界面更体现设计的味道，让界面不会过于呆板。

10 添加文字

使用【横排文字工具】，在画布中输入文字，文字和矩形框间距是24px，这里都采用24px是为了保持画面的统一和协调。只在大矩形框中添加文字是为了丰富界面，并且让画面不会因为组件太多而过于凌乱。

案例

● Windows手机扁平化风格拨号界面

源文件路径

CH05>Windows手机扁平化风格拨号界面>Windows手机扁平化风格拨号界面.psd

素材路径

CH05>Windows手机扁平化风格拨号界面>Windows手机扁平化风格拨号界面素材.psd

尺寸规范

720px×1280px

设计分析

本案例设计中最主要的地方是用颜色搭配出一个清爽的感觉，而不宜使用过多的色彩，因为作为一个拨号界面，除了突出挂断按钮外，其他的图标需要清晰且不能杂乱。

（R251，G216，B0）　　　　（R41，G41，B41）

（扫码观看视频）

01 新建文档

新建一个720px×1280px的文档,然后将背景填充为黑色。

02 绘制网络、电池图标和时间文字

使用【矩形工具】绘制出网络和电池图标使用【横排文字工具】绘制出时间的文字,建议绘制一个高度为50px的矩形作为辅助参考,在不需要时将其隐藏即可。

03 绘制按钮

使用【矩形工具】从底部开始绘制出界面中的按钮,在绘制时注意所有的间距都是24px,黄色为(R251,G216,B0),深灰色为(R41,G41,B41)。

04 绘制图标

使用【钢笔工具】、【圆角矩形工具】、【椭圆工具】和【多边形工具】绘制出各种图标,也可以通过打开素材文件【Windows手机扁平化风格拨号界面素材.psd】,导出里面的图标到界面中,然后使用【横排文字工具】添加挂断的文字。

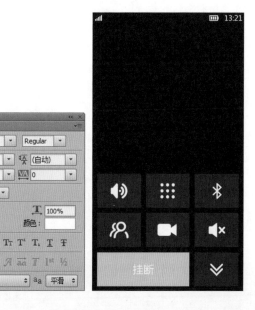

05 添加文字

使用【横排文字工具】为各个按钮添加文字，文字和按钮最底端的距离是12px。

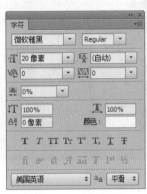

06 添加主界面文字

使用【横排文字工具】在主界面中添加各文字即可，文字之间和文字与边框的距离也是24px。

5.3 拟物化界面风格

本节主要讲解具有拟物化风格的界面，包括木纹风格界面和金属风格界面。木纹风格作为一款简单的拟物化风格，和扁平化风格有一些接近的地方，但是对木纹添加的各种细节是扁平化风格中不会随意出现的；金属风格和扁平化风格的差异较大，大家可以将其作为一个风格区分的参考，注意重点掌握金属质感的制作方法。

● 木纹风格界面

源文件路径

CH05>木纹风格界面>木纹风格界面.psd

素材路径

CH05>木纹风格界面>木纹风格界面素材.psd

尺寸规范

720px × 1280px

设计分析

本案例采用图标搭配立体木纹的效果来制作一个主界面，在字体的颜色搭配上采用了对比色搭配，使图标之间有一定的关联。

案例

（扫码观看视频）

01 新建文档

执行【文件】>【新建】命令，新建一个720px×1280px的文档，设置其前景色为（R230, G231, B215），背景色为白色，然后将背景图层转换为智能对象，接着执行【纤维】滤镜命令，设置参数。

02 制作按钮

使用【圆角矩形工具】，在画布上方单击鼠标，创建出一个圆角矩形。

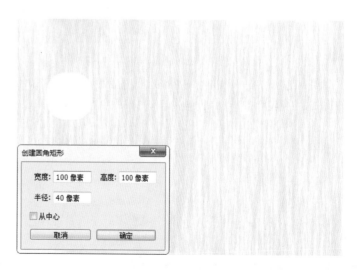

03 添加图层样式

双击该图层，打开【图层样式】对话框，在对话框中选择【渐变叠加】、【内阴影】和【投影】选项，然后设置参数。

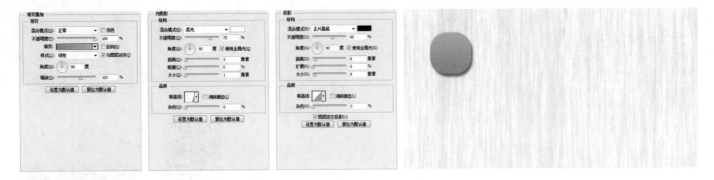

04 制作木纹效果

将圆角矩形图层复制一次，然后将复制出来的图层转换为智能对象，接着添加【添加杂色】滤镜并设置参数，再添加【动感模糊】滤镜，最后按组合键Ctrl+Alt+G创建剪切蒙版并将图层的不透明度设置为30%。

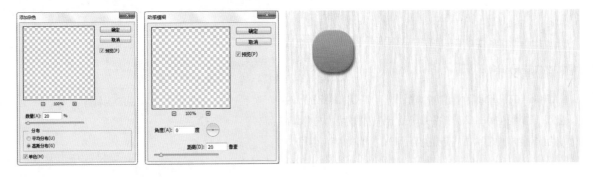

. . . . ⟨∨⟩ . . . .

TIPS

当剪切蒙版下面一个图层存在【渐变叠加】样式时，剪切蒙版将不能作用于下一个图层，此时只要在【图层样式】对话框中勾选如下选项即可。

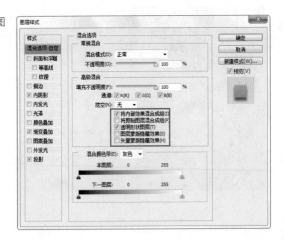

05 制作图标

打开【木纹风格界面素材.psd】文件，选择日历图标使用【移动工具】，将其移动至当前文档中，然后调节大小，接着打开【图层样式】对话框，在对话框中选择【渐变叠加】、【内阴影】、【投影】和【内发光】选项，然后设置参数。

06 添加按钮

先将按钮的两个图层成组，然后使用组合键Ctrl+J复制图层组，接着调整其位置，在调整时注意间距要保持一致。

07 继续添加按钮

继续使用组合键Ctrl+J将图层组复制若干次，然后分别调整复制的图层组至合适的位置，在调整时注意底部按钮与边缘的距离是50px。

08 添加图标

　　使用【移动工具】，继续将剩下的图标移动至当前文档中，移动时注意图标与按钮需要对齐，此步骤比较多需要耐心处理。

09 添加剩下图标的效果

　　选择日历图层，然后在图层上单击鼠标右键，选择【拷贝图层样式】命令，接着选择其他所有图标的图层单击鼠标右键，选择【粘贴图层样式】命令，将该效果作用于所有图标。

10 绘制底部框

　　使用【矩形工具】在画布下方绘制一个高度为100px的黑色矩形框，然后设置其不透明度为50%。

11 绘制翻页效果

　　使用【椭圆工具】在画面下方绘制翻页的效果。

12 添加文字

使用【横排文字工具】，设置参数，然后在画布中添加文字。

13 添加顶部图标

使用【矩形工具】和【横排文字工具】完成顶部图标的绘制，木纹效果的界面就制作完成了。

案例

● 金属风格界面

源文件路径

CH05>金属风格界面>金属风格界面.psd

素材路径

CH05>金属风格界面>金属风格界面素材.psd

尺寸规范

720px×1280px

设计分析

本案例使用金属风格的图标组合成一个金属风格的界面，重点在于对金属质感的调整，读者应掌握如何制作出这种金属的质感，而不是单一地跟着参数设置。在颜色上，本案例使用永远不会过时的金色、银色和黑色，注意，这里的颜色是一个宏观上的调控，而不是单一对色值的填充。

（扫码观看视频）

01 新建文档

新建一个720px×1280px
的文档，然后设置其前景色为
（R28，G28，B28），背景色为
（R7，G7，B7），接着使用【渐
变工具】拉出一个从前景色到
背景色的径向渐变。

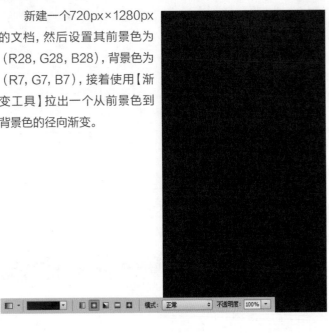

02 为背景添加杂色

新建一个图层，将其填充为白色，然后执行【添加杂色】
滤镜命令，在对话框中设置参数，单击【确定】按钮后，将该图
层的混合模式更改为【叠加】，不透明度设置成20%。

03 制作质感背景

使用组合键Ctrl+J将该图层复制一次，然后按组合键Ctrl+I
将该图层反相，接着选择【移动工具】，将该图层向下和向右分
别轻移一个像素，制作出一种比较有质感的磨砂颗粒的效果。

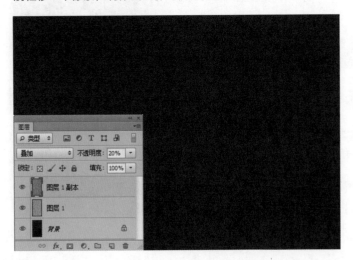

04 绘制按钮

选择【圆角矩形工具】，在选项栏设置参数，然后在画布上单
击鼠标，在弹出的对话框中设置参数，绘制出一个圆角矩形。

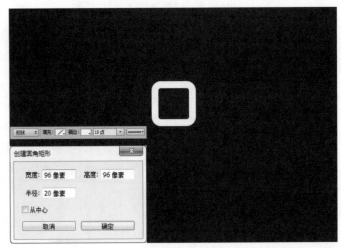

05 添加按钮图层样式

打开【图层样式】对话框，在对话框中为圆角矩形选择【渐变叠加】和【投影】选项并设置参数，这里注意在【渐变编辑器】中需要设置黑、白和不同深浅的灰色。

06 制作按钮表面效果

按组合键Ctrl+J将圆角矩形图层复制一次，然后使用【移动工具】将复制的图层向上移动5px，接着双击图层效果名称，进入【图层样式】对话框，在对话框中重新设置参数。

07 制作底纹

使用【矩形工具】在两个圆角矩形图层下方绘制一个和内部凹槽一样大小的深灰色矩形，即此矩形和圆角矩形内部镂空部分刚好一样大小。

08 添加图层样式

双击该图层，打开【图层样式】对话框，在对话框中为矩形添加【内发光】和【渐变叠加】效果。

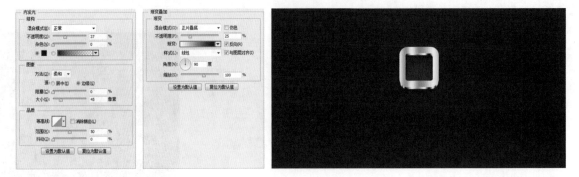

09 制作横纹效果

按组合键Ctrl+J将深灰色的底纹图层复制一次，然后将其转换为智能对象，接着依次执行【添加杂色】和【动感模糊】滤镜命令，以模拟一个横着的条纹效果，最后设置图层的混合模式为【叠加】，不透明度为20%。

10 制作竖纹效果

按组合键Ctrl+J将横纹图层复制一次，然后双击【动感模糊】命令，更改参数，完成竖纹的绘制，此时一个金属质感按钮的基础轮廓就绘制完成了。

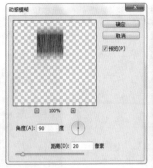

11 添加按钮

　　将所有的金属按钮图层成组，然后使用组合键Ctrl+J将图层组复制若干次，使用【移动工具】分别调整它们的位置，在调整时注意对间距的控制，最中间的按钮在整个画布的正中间。

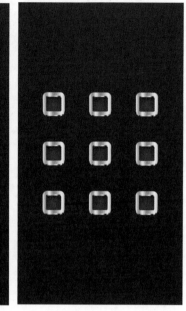

12 添加图标

　　打开【金属风格界面素材.psd】文件，选择棋牌的图标使用【移动工具】，将其移动到当前文档的图标上方。

13 添加图层样式

　　为了保持金属风格的一致，需要给棋牌添加图层样式来制作金属样式的风格，打开【图层样式】对话框，为图标添加【内阴影】、【颜色叠加】、【渐变叠加】和【投影】效果，这里使用内阴影是为了让图标有一个层次感，在使用【渐变叠加】时渐变中心可以在画布中自由移动以进行一个调整。

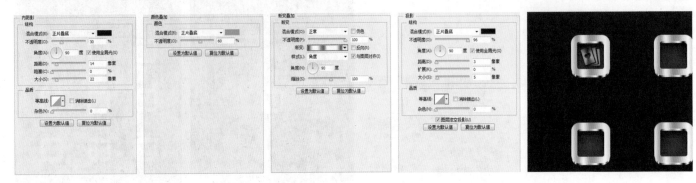

14 添加其他图标

　　继续使用【移动工具】将其他图标全部移动到当前文档中。

15 绘制其他图标效果

在棋牌图层上单击鼠标右键，选择【拷贝图层样式】选项，然后选择其他所有图标并右键选择【粘贴图层样式】，将图层样式作用于所有图标，这里可以各个图标依次点开【渐变叠加】选项，微调一个金属的效果。

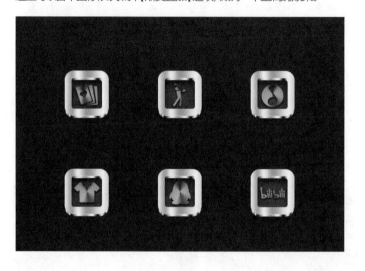

16 添加文本

使用【横排文字工具】为每个图标添加文字，并在所有图标上方添加一个标题文字。

17 绘制底框

使用【圆角矩形】工具在背景的上方为所有的按钮绘制一个底框，设置该圆角矩形的不透明度为20％。

18 添加状态栏

从【金属风格界面素材。psd】文件中移动状态栏到当前文档中，本案例制作完成。

5.4 真实照片界面风格

在App界面设计中，经常会使用真实的照片作为背景或按钮。对于这一类的风格设计来说，一个好的照片素材便是成功的关键，有了好的照片素材，再搭配一些简单的文字和图标，就会让整个界面更具真实感，更贴近于生活。

  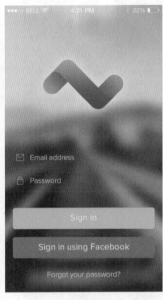 

案例

● 照片制作社交App界面

源文件路径

CH05>照片制作社交App界面>照片制作社交App界面.psd

素材路径

CH05>照片制作社交App界面>照片制作社交App界面素材.psd

尺寸规范

720px×1280px

设计分析

本案例制作的是一个照片社交类App的主界面。对于主体是照片的App来说，将作为背景的照片设计成虚化或弱化效果，是一个不错的方案，大家可以使用模糊、暗角或调整不透明度的方法达到这种效果。

〔扫码观看视频〕

01 新建文档并导入背景

新建一个720px×1280px的文档，然后打开【照片制作社交App界面素材.psd】文件，将背景图片移动至当前文档中并调整位置使其与画布对齐，然后将该图层转换为智能对象。

02 制作模糊效果

执行【高斯模糊】滤镜命令，然后设置参数，将背景进行一个模糊处理。

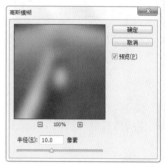

03 添加暗角

执行【渐变叠加】图层样式命令，然后设置参数，为背景添加一个暗角的效果，此时背景的处理完成。

04 制作头像

使用【椭圆工具】在画布上方绘制一个头像的模版形状。

05 添加照片

打开【照片制作社交App界面素材.psd】文件，将头像文件移动至当前文档中，然后按组合键Ctrl+Alt+G将其创建为剪贴蒙版作用于椭圆形状。

06 添加文本

使用【横排文字工具】为界面添加人物信息的文字，主要是人物的名称和地区。

07 绘制信息

使用【横排文字工具】绘制出App的文字信息，这里注意使用灰色是因为灰色给人的感觉是不可点击的，所以衬托出白色的文字可以进行点击并能进入其他界面。

08　绘制照片模版

使用【圆角矩形工具】绘制出照片的模版，这里使用较小的圆角角度可以让画面更加和谐美观。

09　完成所有照片模版

使用组合键Ctrl+J完成所有模版的制作，这里注意所有的间距都是80px。

10　添加照片

打开【照片制作社交App界面素材.psd】文件，选择一张图片移动至当前文档中，然后将它调整至左上矩形图层的上方，接着按组合键Ctrl+T调整大小，再按组合键Ctrl+Alt+G将其创建为剪贴蒙版作用于左上矩形图层。

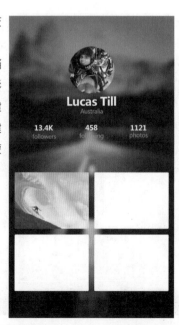

11　添加其他照片

使用同样的方法，选择其他照片，并将它们分别放置于剩下三个矩形图层的上方，然后调整大小，并创建剪贴蒙版。

12 添加可翻页效果

　　使用【椭圆工具】制作一个可翻页的效果，选择【椭圆工具】，然后在画布的下方绘制出一个椭圆，接着在等间距的位置绘制出其他椭圆，其颜色为白色。

13 绘制设置按钮

　　在画布的右上方，使用【椭圆工具】和【圆角矩形工具】绘制出设置按钮。

14 绘制返回按钮

使用【钢笔工具】绘制出返回按钮。

15 绘制顶部按钮

打开【照片制作社交App界面素材.psd】文件，然后使用【移动工具】将状态栏移动至当前文档中，调整位置即可。

案例

● 照片制作App登录界面

源文件路径

CH05>照片制作App登录界面>照片制作App登录界面.psd

素材路径

CH05>照片制作App登录界面>照片制作App登录界面素材.psd

尺寸规范

1080px×1920px

设计分析

本案例使用背景照片制作一款登录界面，其界面主体设计统一、目的明确。在设计按钮时，注意拉开与背景之间的关系，采用渐变可以让界面更加丰富，不会显得单调。

（扫码观看视频）

01 新建文档并导入背景

新建一个1080px×1920px的文档，然后打开【照片制作App登录界面素材.psd】文件，将背景图片移动至当前文档中并调整位置使其与画布对齐。

02 制作圆角矩形框

使用【圆角矩形工具】在画布上单击鼠标，创建一个圆角矩形。

03 复制圆角矩形

选择该圆角矩形，然后使用组合键Ctrl+J将其复制两次，接着使用【移动工具】分别向下移动两个圆角矩形至合适的位置。

04 添加图层样式

选择最上面一个圆角矩形，然后为它添加【内发光】图层样式，再设置该图层的填充为80%，为登录界面制作用户名框。

05 复制图层样式

选择最上面的圆角矩形，然后执行【拷贝图层样式】命令，接着选择中间的圆角矩形，执行【粘贴图层样式】命令，将该图层样式作用于中间的圆角矩形，再设置其填充为80%，为界面制作密码输入框。

06 添加图层样式

选择最下面的圆角矩形，然后执行【渐变叠加】图层样式命令，为该图层添加一个从（R230，G81，B0）到（R255，G38，B119）的颜色渐变，为界面制作登录按钮。

07 添加用户名图标

打开【照片制作App登录界面素材.psd】文件，然后选择用户名图标，再使用【移动工具】移动该图标至当前文档中，调整位置时注意拉出辅助线，图标的最左侧要靠近圆角结束的位置。

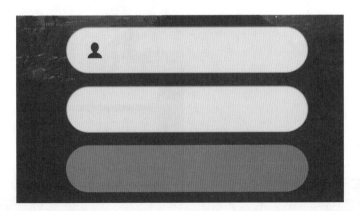

08 添加密码图标

继续使用【移动工具】移动密码图标至当前文档中。

09 添加登录文字

使用【横排文字工具】在画布中的登录按钮上添加登录的文字。

10 添加辅助文字

使用【横排文字工具】在最上面和中间的圆角矩形上分别添加用户名和密码的辅助文字，文字颜色使用灰色，文字位置相对于圆角矩形水平和垂直居中。

11 添加其他文字

使用【横排文字工具】在登录界面下方添加注册和忘记密码的文字，注意位置的对齐。

12 添加状态栏

使用【移动工具】移动状态栏到当前文档中，本案例制作完成。

5.5 根据主题制作的App

对于不同主题的App来说，除了简洁的界面，最重要的就是图标的搭配。主题类的App一般会有一套专属的图标设计，比如漫画类App，其图标就应该用到更多的漫画元素，将其品牌形象的各种形态直接用到图标中。

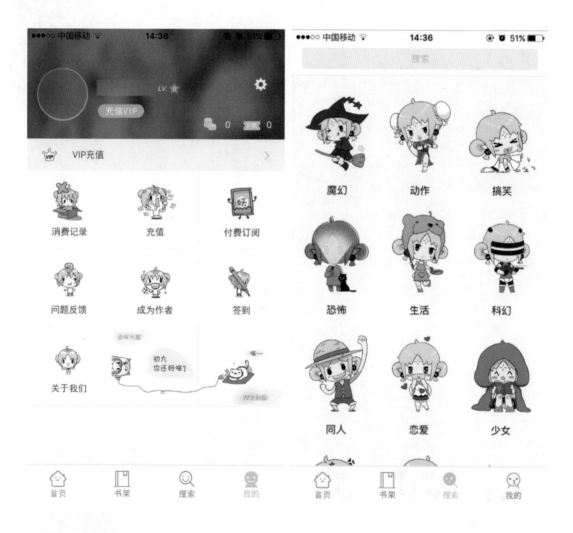

● 美食主题App制作

源文件路径

CH05>美食主题App制作>美食主题App制作.psd

素材路径

CH05>美食主题App制作>美食主题App制作素材.psd

尺寸规范

1080px×1920px

设计分析

　　本案例是通过美食图标搭配美食图片制作的一款美食类App按钮界面。作为美食主题的App要想在第一眼就吸引用户的眼球，关键是要用足够吸引人的照片作为按钮，然后搭配简单的图标和直观的信息，让用户在短时间内就能获得App按钮界面提供的所有信息。

案例

（扫码观看视频）

01 新建文档

　　执行【文件】>【新建】命令，在打开的【新建】对话框中设置参数和选项，然后单击【确定】按钮，新建空白图像文件。

02 绘制基础模版

　　本案例的构思主要是以照片为模块制作App，在构思好以后首先需要绘制基础的模版雏形。选择【矩形工具】在画布上单击鼠标，绘制一个540px×540px的黑色矩形，然后使用【移动工具】将其移动至画面左下角。

03 复制模版

使用组合键Ctrl+J向上、右和右上分别复制矩形，让矩形填满画布的下半部分。

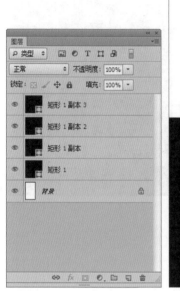

04 添加照片

打开【美食主题App制作素材.psd】文件，使用【移动工具】移动沙拉照片至当前文档中，然后调整其至合适的位置，该图层需要放置在矩形图层的下方且隐藏一小部分于矩形图层之下，以防之后进行的模糊滤镜操作使其边缘消失。

05 制作磨砂效果

这里我们需要添加一些文字，但是直接添加在界面中显得不够清晰，如果在文字图层下面添加一个矩形色块也会非常的突兀，由于界面整体都是使用照片作为模块，因此这里就使用一个磨砂的效果来凸显文字。首先复制照片图层，然后将其转换为智能滤镜，接着执行【高斯模糊】滤镜命令。

06 设置模糊范围

　　使用【矩形工具】在照片图层和智能对象图层中间绘制一个高度为220px的矩形图层，然后按住Alt键在智能对象图层和矩形图层之间单击鼠标左键，将智能对象图层创建为剪贴蒙版作用于矩形图层。

07 添加文字

　　使用【横排文字工具】在模糊图层上方输入文本。

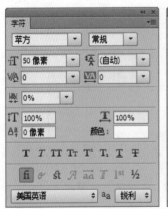

08 添加照片

　　先在文档中选择4个矩形中左上角的矩形，然后打开【美食主题App制作素材.psd】文件，再使用【移动工具】移动汤品照片至当前文档中并调整其至合适位置，接着使用组合键Ctrl+Alt+G将其创建为剪贴蒙版，最后设置该图层的不透明度为70%。

09 添加剩下照片

　　使用同样的方法处理其他照片，使它们分别位于不同的矩形之上，并做同样的剪贴蒙版和不透明度处理。这里讲一个制作的技巧，黑色矩形加调整照片不透明度是为了拉开与主推系列的层次关系，并且在制作其他App界面时，按下某一按钮，就对该按钮进行一个提亮处理，凸显区别，同时也可以拉开与后续步骤图标的关系。

10 绘制图标

　　打开【美食主题App制作素材.psd】文件，使用【移动工具】移动汤品图标至当前文档中，然后选择【椭圆工具】，设置参数，接着在画布上单击鼠标，绘制一个椭圆出来，最后将两个图层做居中处理并调整至合适的位置。

11 绘制完剩下图标

　　使用同样的方法绘制完剩下的图标，绘制时注意要保持水平和垂直位置上的一致性和大小的一致性。

12 添加文本

　　使用【横排文字工具】为图标添加名称，然后再添加食谱种类，简单阐述按钮的功能。

13 绘制下滑图标

使用【钢笔工具】绘制一个向下的方向图标，然后向下复制一次，设置上面方向图标的不透明度为80%，下面方向图标的不透明度为40%。

14 绘制翻页图标

使用【椭圆工具】在画布的上方绘制出翻页图标，这里主色随意使用，其他颜色最好使用白色和其他图标进行一个颜色上的搭配。

15 绘制搜索和设置图标

使用【椭圆工具】和【圆角矩形工具】绘制出搜索图标和设置图标。

16 添加状态栏

打开【美食主题App制作素材.psd】文件，使用【移动工具】移动状态栏至当前文档中并调整至合适的位置，本案例制作完成。

● 医疗主题App界面

源文件路径

CH05>医疗主题App界面>医疗主题App界面.psd

素材路径

CH05>医疗主题App界面>医疗主题App界面素材.psd

尺寸规范

720px×1280px

设计分析

本案例制作的是一款医疗类App界面。在界面上采用了很多和医疗相关的图标，显得非常直观；主色调采用的是让人感觉较为平静的青蓝色，给人营造出一种舒心的感觉。注意，整体色彩不能采用过于饱和明艳的颜色。

（扫码观看视频）

案例

01 新建文档并导入照片

新建一个720px×1280px的文档，然后打开【医疗主题App界面素材.psd】文件，使用【移动工具】将其移动至当前文档中并调整至合适位置，这里注意照片的位置并不是随意放置的，需要通过计算各个按钮界面的大小得到照片的可用位置。

02 绘制矩形

使用【矩形工具】在顶部绘制一个高度为150px、颜色为(R52, G185, B197)的矩形，然后设置图层的不透明度为60%。

03 添加文字

　　使用【横排文字工具】在矩形中添加医生姓名信息，文字需要进行居中处理。这里提供一个居中的技巧，排除状态栏需要的50px以外，绘制一个高度为100px的参照矩形与原矩形下边缘对齐，然后使用新生成的矩形和文字进行垂直和水平居中处理，接着将新绘制的参照矩形删除即可。

04 绘制翻页标识

　　使用【圆角矩形工具】在图像的右下角绘制出两个矩形作为提醒可翻页标识，蓝色为（R52，G185，B197），灰色为（R184，G184，B184）。对于翻页标识尽量选择单色调搭配灰色、白色或者黑色，不要选择过于丰富的色彩，否则会让画面显得不伦不类，表达的意思也不够明确。

05 绘制咨询导航

使用【矩形工具】在图像下方绘制一个高度为100px的白色矩形，注意该图层需要放置在所有图层的下方。

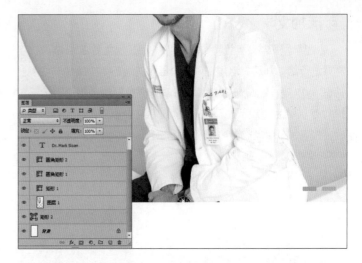

06 绘制按钮界面

使用【矩形工具】在白色矩形下方绘制一个高度为400px的矩形，颜色为（R245, G245, B245），同时图层也处于白色矩形的下方，这里为了便于观察效果，暂时将白色矩形的颜色更改为蓝色。

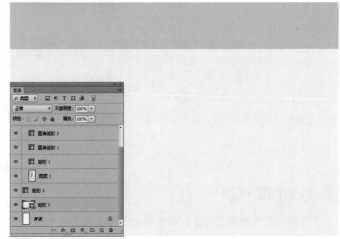

07 添加描边效果

选择白色矩形的图层，然后选择【描边】图层样式，接着设置参数。这里先绘制灰色矩形，再进行白色矩形的描边是为了避免【描边】造成各个界面像素位置的偏差。

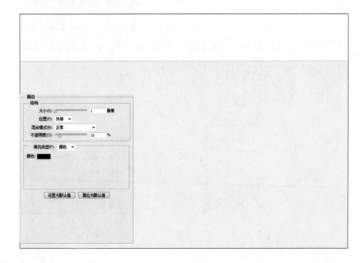

08　绘制底部栏选中部分

使用【矩形工具】在底部绘制一个矩形，颜色为（R52，G185，B197）。

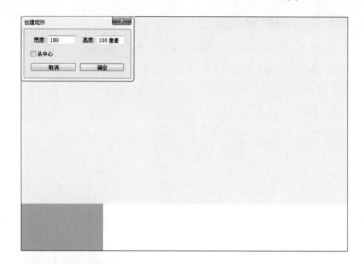

09　绘制底部栏其他部分

使用组合键Ctrl+J将该矩形复制三次，然后将它们填满底部栏剩下的区域，并更改颜色为（R48，G50，B51）。这里不可以偷懒只绘制一个长条矩形，绘制四个矩形的作用是为了方便之后图标与按钮之间的对齐，同时在制作同款App其他界面时，只需要将其移动过去改变颜色就可以了，避免同一App多次制作同一图形。

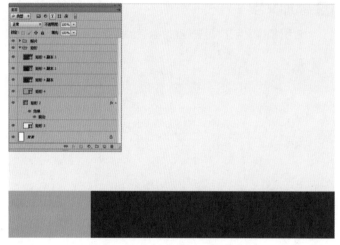

10　绘制椭圆按钮

使用【椭圆工具】在画布中绘制一个椭圆，距离灰色矩形的上边缘75px。

11 绘制所有椭圆按钮

使用组合键Ctrl+J将该椭圆复制两次，然后分别改变复制出的椭圆的颜色为（R245，G133，B110）和（R164，G140，B224）。

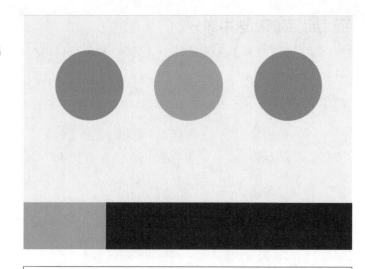

12 添加文字

使用【横排文字工具】在画布中合适的位置分别添加上文字。

13 绘制图标

使用【钢笔工具】绘制一个箭头指向图标，提示单击可进入咨询界面。

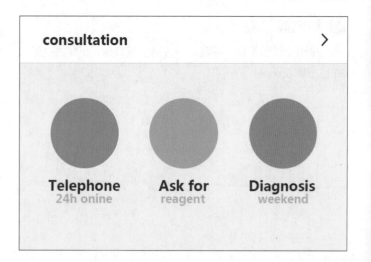

14 添加图标

打开【医疗主题App界面素材.psd】文件，然后选择电话图标移动至当前文档中，并调整图标的大小和位置。

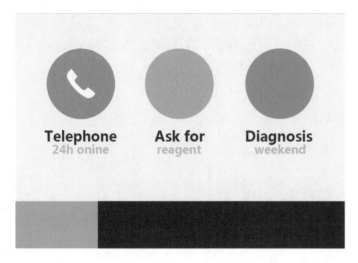

15 添加剩下的图标

继续使用【移动工具】将剩下的图标移动至当前文档中，注意调整图标的大小和位置，以及灵活的运用按钮与图标的对齐。

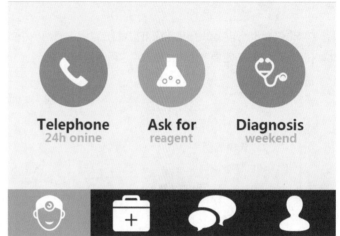

16 绘制状态栏

使用【矩形工具】和【横排文字工具】绘制出顶部的信号、电池图标和时间的文字，本案例制作完成。

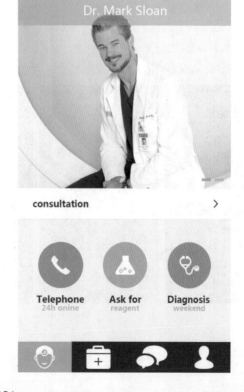

5.6 常见工具界面

本节将学习制作App中一些常见的界面，这里讲解两款极简风格的天气界面和手电筒界面，这种类型App的使用频率较高，因此，在界面设计时一定要考虑方便和直观这两个因素。

案例

● 天气界面

源文件路径
CH05>天气界面>天气界面.psd

素材路径
CH05>天气界面>天气界面素材.psd

尺寸规范
720px × 1280px

设计分析
本案例设计采用一个模糊的照片作为背景，主体设计风格非常的简单鲜明，这种设计的好处是即使采用单一的颜色作为背景，界面都会非常的好看，整体感觉显得大气、简洁并且统一。

（扫码观看视频）

01 新建文档并导入背景

新建一个720px×1280px的文档，然后打开【天气界面素材.psd】文件，将背景图片移动至当前文档中并调整位置使其与画布对齐。

02 制作磨砂效果

按组合键Ctrl+J将背景图片复制一次，然后使用【高斯模糊】滤镜将图片进行高斯模糊处理，制作一种磨砂的效果。

03 绘制添加按钮

使用【椭圆工具】和【圆角矩形工具】在画布左上角绘制出添加按钮，绘制时注意对距离的把握。

04 绘制设置按钮

使用【椭圆工具】和【圆角矩形工具】在画布右上角绘制出设置按钮。

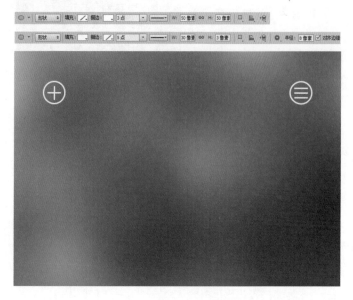

05 添加文本

使用【横排文字工具】在添加按钮和设置按钮的正中间绘制出地区的文字。

06 添加日期

使用【横排文字工具】，在界面中添加上日期的文字。

07 添加温度

使用【横排文字工具】，在界面中添加上温度的文字。

08 添加天气图标

　　打开【天气界面素材.psd】文件，然后【使用移动工具】移动天气图标至当前文档中并调整至合适的位置。

09 添加当前温度

　　使用【横排文字工具】在画布左下角添加上当前温度的文字。在这里注意，文本不是随意找一个合适的位置添加就可以了，要和其他的图标在位置上保持一致，比如这里当前温度的文字和更多按钮在水平和垂直方向与画布边缘的距离是保持一致的。

10 添加当前天气状况和天气更新时间

　　使用【横排文字工具】在当前温度的上下分别添加上当前天气状况和天气更新时间的文字，这里注意对字体大小的把握，所有字体的大小需要保持一个规范性，至少呈现一个递减的效果，而不是随意去使用大小。

11 绘制圆角矩形框

使用【圆角矩形工具】在画布中绘制出一个圆角矩形作为PM值的外框，然后设置该图层的填充为40%。

12 添加PM值

使用【横排文字工具】在圆角矩形内绘制出当前PM值的文字，让App的功能更直观地显示在界面中。

13 添加状态栏

打开【天气界面素材.psd】文件，使用【移动工具】移动顶部图标，或使用【矩形工具】和【横排文字工具】绘制出顶部状态栏的图标。

- 手电筒界面

源文件路径

CH05>手电筒界面>手电筒界面.psd

素材路径

CH05>手电筒界面>手电筒界面素材.psd

尺寸规范

720px × 1280px

设计分析

本案例是设计一款手电筒App的界面。手电筒App的功能较为单一，所以界面不必有过于复杂的图标和各种画蛇添足的功能。本案例的重点是设计一款简洁又设计感十足的开关按钮。

案例

（扫码观看视频）

01 新建文档

新建一个720px × 1280px的文档，然后按住Alt键双击背景图层，将背景图层转换为普通图层。

02 添加图层样式

双击图层，打开【图层样式】对话框，然后选择【渐变叠加】选项并设置参数，制作一个渐变叠加的背景效果。

03 添加纹理

新建一个图层，设置其填充颜色为灰色，然后将该图层转换为智能对象，接着执行【添加杂色】滤镜命令，再执行【动感模糊】滤镜命令，制作一个横向的条纹效果，最后设置图层的混合模式为【叠加】。

04 继续添加纹理

按组合键Ctrl+J将纹理图层复制一次，然后双击【动感模糊】智能滤镜，重新设置【动感模糊】的参数。

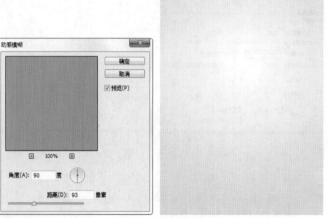

05 绘制圆形

使用【椭圆工具】在画布的正中央绘制一个圆形，颜色随意，然后按组合键Ctrl+J将其复制一次，接着选择上面的圆形，使用【直接选择工具】调整圆形下方的锚点，将它向上移动。这里改变上方圆形的颜色来观察效果。

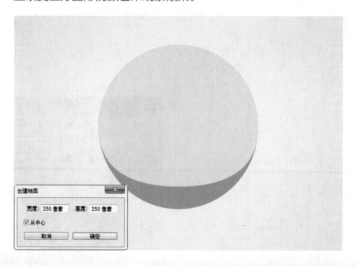

06 添加图层样式

这一步是为了制作出开关表面被按下和翘起的效果。选择被拖曳过锚点的圆形，然后给它添加【斜面和浮雕】、【内发光】、【渐变叠加】和【投影】图层样式，通过以上样式的搭配就可以得到我们想要的效果。

07 制作按钮底部效果

选择下面的椭圆，然后给它添加【描边】、【内发光】、【渐变叠加】和【投影】图层样式，用以上的样式搭配来制作按钮边缘一圈的效果。

  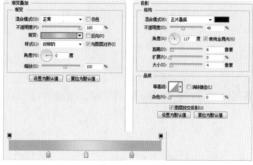 

08 绘制按钮底座

选择【椭圆工具】在两个椭圆图层的下方绘制一个新的圆形。

09 为底座添加图层样式

选择底座图层, 然后给它添加【描边】、【投影】和【颜色叠加】图层样式, 使用这些样式搭配为它制作出一个底座的效果。

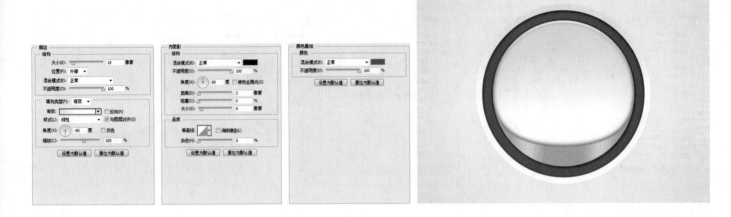

10 制作质感

在底座图层的上方绘制一个椭圆, 然后将它转换成智能对象, 接着执行【添加杂色】滤镜命令, 再改变图层的混合模式为【叠加】, 并调整图层的不透明度。

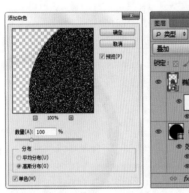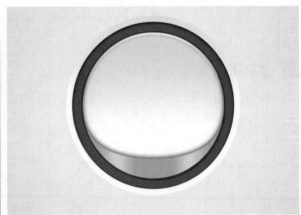

11 添加阴影

这个时候按钮的形状已经基本完成了,此时只要为按钮添加一个合适的阴影,就可以使按钮从视觉上立体起来。使用【椭圆工具】在最顶部图层的下方绘制一个椭圆,然后使用【直接选择工具】拖曳错点调整出阴影的形状,接着改变图层的不透明度为44%,再在属性面板中设置羽化值为5像素。

12 添加文字

使用【横排文字工具】在按钮的上方添加开、关的文字。

13 制作文字开的图层样式

为文字开制作图层样式,让它看起来更加地融合于按钮图层,这里注意,效果虽然不是很明显,要学习的是对于细节上的处理。

14 制作文字关的图层样式

为文字关制作图层样式，让它看起来也更加地融合于按钮图层。

15 添加图标

打开【手电筒界面素材.psd】文件，然后使用移动工具移动图标到当前文档中，然后设置图标的不透明度为20%。

16 添加状态栏

最后使用【矩形工具】和【横排文字工具】绘制出状态栏的图标。

6

影音 App

影音类APP不同界面详细制作流程

6.1 登录界面

本章开始学习制作根据类型区分的App界面，下面我们要制作的是影音类App的登录界面，其风格比较偏于主流的设计，不会有过多复杂的界面。

在制作登录界面时，界面风格需要简洁并且统一，因此可以考虑先绘制出大概的模版，然后再根据模版添加内容。

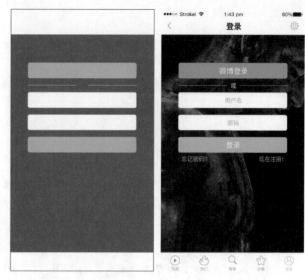

● 制作登录界面

源文件路径

CH06>登录界面>登录界面.psd

素材路径

CH06>登录界面>登录界面素材.psd

尺寸规范

750px×1334px

（扫码观看视频）

01 新建文档

执行【文件】>【新建】命令，在打开的【新建】对话框中设置参数，然后单击【确定】按钮，新建一个文档。

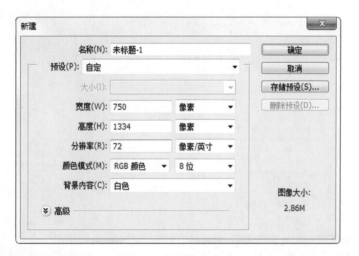

02 打开背景

打开【登录界面素材.psd】文件，然后使用【移动工具】移动图像至当前文档。

03 处理背景

在使用图片直接当作背景时,最好注意其是否会对其他界面造成影响。如果过于清晰可能要先进行模糊处理,处理较暗的图片时,需要对整体进行一个加深的暗化处理,使它和其他组件能有一个明显的反差,以免影响其他的界面。这里我们首先使用【仿制图层工具】对图像右下不需要的文字进行抹除。

04 暗化处理

将图片处理达到我们想要的效果以后,再对它进行一个暗化处理,新建一个图层,然后为其填充黑色,接着设置图层的不透明度为50%。

05 绘制导航栏

选择【矩形工具】,然后在画布的顶部绘制一个750px×128px的白色矩形。(之前讲过绘制App的一切组件都是使用矢量形状工具,这里再提示一次)

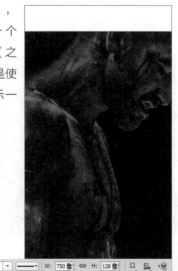

06 绘制标签栏

选择【矩形工具】,然后在画布的底部绘制一个750px×98px的白色矩形。这里我们主要是利用这两个矩形了解一个界面整体的布局。

07 绘制导航栏深边效果

这里我们需要对导航栏和标签栏都绘制一个深色边缘的效果，在之后的所有界面中都需要进行同样的设置以达到统一的效果。选择【矩形工具】，然后在画布上单击鼠标，新建一个矩形，将它移动至导航栏的下边缘（处于矩形内部位置），这里我们将背景先改成其他颜色以观察效果。

08 绘制标签栏深边效果

选择【矩形工具】，然后在画布上单击鼠标，新建一个矩形，将它移动至标签栏的上边缘（处于矩形内部位置）。

09 添加图标

打开【登录界面素材.psd】文件，然后使用【移动工具】移动查找图标至标签栏中心位置。这里注意一定要使用标尺和各种对齐的工具或命令。（推荐一个简单的对齐图标的方法，先将中间的图标进行居中，然后利用标尺确定两边图标的位置，接着剩下的两个图标利用中间和两侧的图标进行对齐，下面就进行分布演示）

10 添加两侧图标

打开【登录界面素材.psd】文件，然后使用【移动工具】分别移动播放和登录图标至查找图标的两侧。（注意标尺的使用）

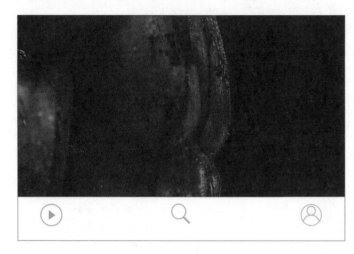

11 添加剩下的图标

打开【登录界面素材.psd】文件，然后使用【移动工具】移动热门图标至合适的位置，接着选中播放、热门和查找3个图标，进行水平居中处理。用同样的方法处理剩下的图标。

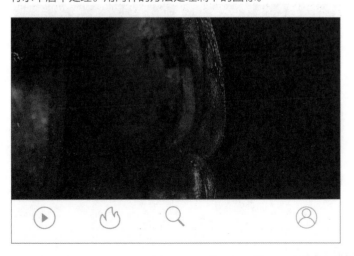 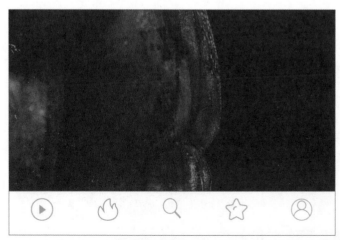

12 绘制文字

选择【横排文字工具】，然后在画布上输入文本。文本的对齐方法为水平方向采用标尺，具体位置可以同时选中图标和对应的文字，再使用【水平居中对齐】命令进行处理。

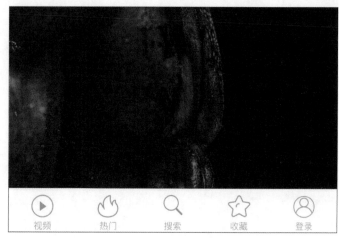

13 制作图标效果

登录界面的图标和文字需要添加一个选中的效果，选择登录图标，然后给它添加【颜色叠加】图层样式，颜色为（R94，G204，B204）。

14 制作文字效果

选择登录文字图层，然后改变它的颜色为（R94，G204，B204），这里对它的选中效果就制作完成了。

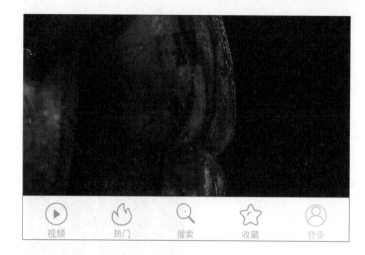

15 制作标题

选择【横排文字工具】，制作出标题的效果。

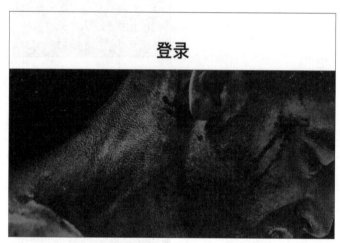

16 添加图标

打开【登录界面素材.psd】文件，移动设置和返回图标至当前文档中。

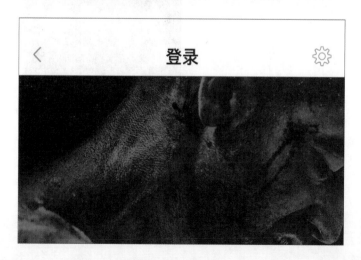

17 制作微博登录按钮

选择【圆角矩形工具】，然后在画布上绘制一个570px×80px的圆角矩形，颜色为（R255，G133，B5）。

18 输入按钮文本

选择【横排文字工具】，输入微博登录的文本，注意文字在水平和垂直方向居中。

19 绘制分割线

选择【矩形工具】，然后在画布中绘制出分割线的位置，这里需要记录其与上方圆角矩形的距离，高度为2px。

20 输入文本

选择【横排文字工具】，在分割线的中间添加上文本。

21 绘制用户名和密码输入框

　　根据刚才记录的距离,将微博登录按钮的圆角矩形按组合键 Ctrl+J复制两次,并将复制的圆角矩形分别移动至合适的位置,改变其颜色为白色。

22 添加文本

　　选择【横排文字工具】,在用户名输入框和密码输入框的正中间分别输入文本,颜色为(R141,G141,B141)。

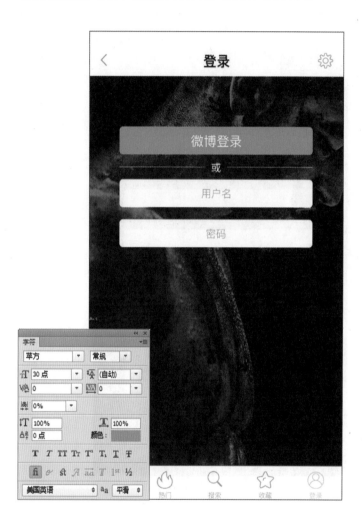

23 制作登录按钮

　　复制一个圆角矩形，然后移动至合适的位置，改变其颜色为（R68，G187，B188）。

24 添加文本

　　选择【横排文字工具】，然后输入登录按钮的文本。

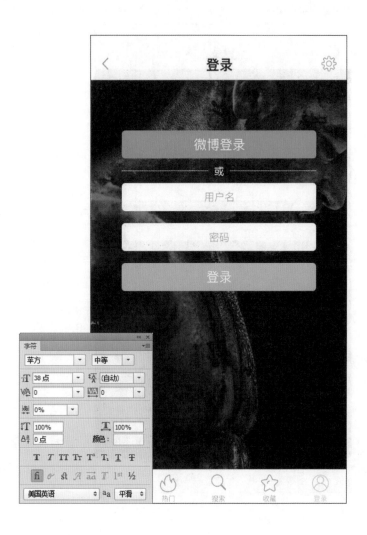

25 添加其他文本

　　选择【横排文字工具】，然后输入其它的文本。这里附上标尺线作为制作参考。

26 添加状态栏

打开【登录界面素材.psd】文件，移动状态栏至当前文档中。

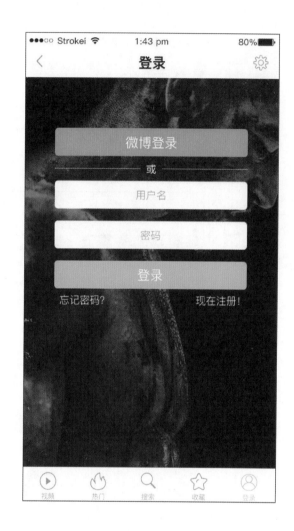

6.2 主界面

在制作主界面时，首先需要设计好主界面的样式，让界面内容在用户第一眼看到时就清晰明了，让用户知道如何操作。

● 制作主界面

源文件路径

CH06>制作主界面>制作主界面.psd

素材路径　　　　　　　　　　　　　尺寸规范

CH06>制作主界面>制作主界面素材.psd　　750px×1334px

案例

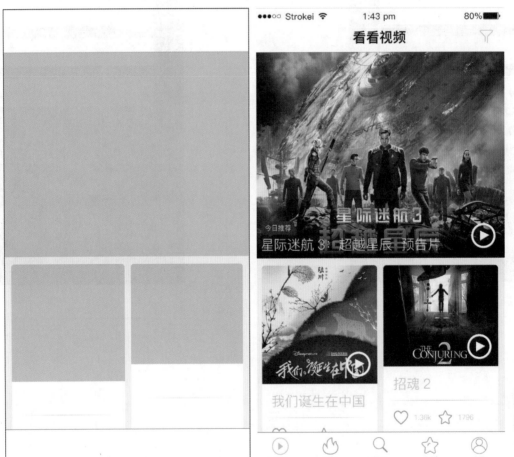

（扫码观看视频）

01 新建文档

执行【文件】>【新建】命令，在打开的【新建】对话框中设置参数，然后单击【确定】按钮，新建一个文档。

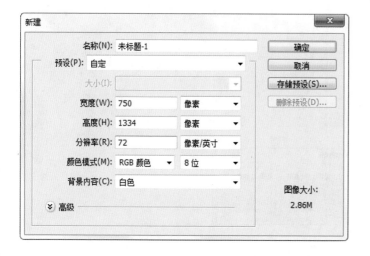

02 制作背景

设置前景色为（R242，G242，B242），然后按组合键Alt+Delete填充前景色。

03 绘制导航栏

选择【矩形工具】，然后在画布的顶部绘制一个750px×128px的白色矩形。

04 绘制标签栏

选择【矩形工具】，然后在画布的底部绘制一个750px×98px的白色矩形。这里主要是利用这两个矩形了解一个界面整体的布局。

05 绘制导航栏深边效果

选择【矩形工具】，然后在画布上单击鼠标，新建一个矩形，将它移动至导航栏的下边缘（处于矩形内部位置）。

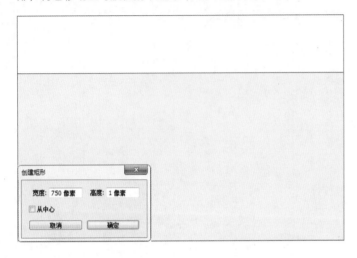

06 绘制标签栏深边效果

选择【矩形工具】，然后在画布上单击鼠标，新建一个矩形，将它移动至标签栏的上边缘（处于矩形内部位置）。

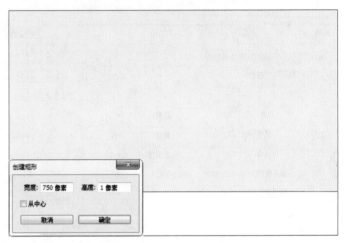

07 添加图标

打开【制作主界面素材.psd】文件，然后使用【移动工具】，移动查找图标至标签栏中心位置。这里注意一定要使用标尺和各种对齐的工具或命令。

08 添加两侧图标

打开【制作主界面素材.psd】文件，然后使用【移动工具】，分别移动播放和登录图标至查找图标两侧。

09 添加剩下的图标

　　打开【制作主界面素材.psd】文件，然后使用【移动工具】移动热门图标至合适的位置，接着选中播放、热门和查找3个图标，进行水平居中处理。用同样的方法处理剩下的图标。

10 绘制文字

　　选择【横排文字工具】，然后在画布上输入文本。文本的对齐方法为水平方向采用标尺，具体位置可以同时选中图标和对应的文字，再使用【水平居中对齐】命令进行处理。

11 制作图标效果

　　登录界面的图标和文字需要添加一个选中的效果，选择登录图标，然后给它添加【颜色叠加】图层样式，颜色为（R94，G204，B204）。

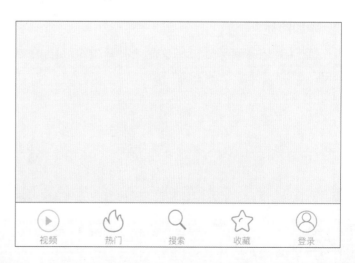

12 制作文字效果

选择登录文字图层，然后改变它的颜色为（R94，G204，B204），这里对它的选中效果就制作完成了。

13 制作标题

选择【横排文字工具】，制作出标题的效果。

14 添加图标

打开【制作主界面素材.psd】文件，移动筛选图标至当前文档中。

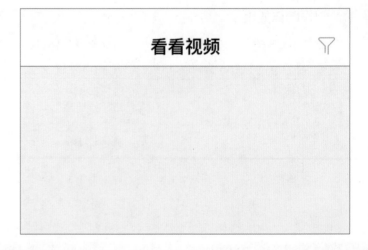

15 制作效果

给筛选图标添加一个【颜色叠加】图层样式，颜色为（R94，G204，B204）。

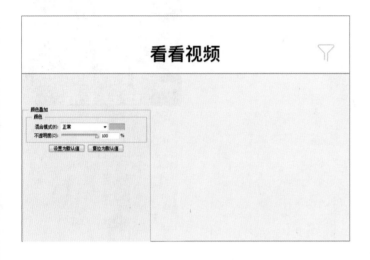

16 绘制推荐模版

选择【矩形工具】，在画布上单击鼠标，在背景图层上方新建一个矩形。

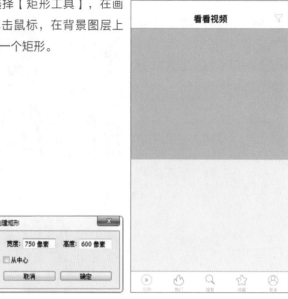

17 绘制左模版

先将标签栏所有内容进行隐藏（在制作工程中一定要养成对图层命名和编组的习惯），然后选择【圆角矩形工具】，在画布上单击鼠标，新建一个圆角矩形，与上面和左面边缘的距离都是20px。

18 绘制右模版

选择【圆角矩形工具】，在画布上单击鼠标，新建一个圆角矩形，与左面和上面边缘的距离都是20px。（到这里基本上需要绘制的模版已经绘制完成了，接下来就是对界面的丰富和加工）

19 丰富推荐模版

打开【制作主界面素材.psd】文件，然后移动图片至当前文档中，放置在合适的位置，接着按组合键Ctrl+Alt+G将其创建为剪贴蒙版。

20 绘制今日推荐

选择【圆角矩形工具】，然后在画布上单击鼠标，绘制一个圆角矩形，颜色为（R94，G204，B204）。这里注意位置的记录，需要保持一致。

21 添加文本

选择【横排文字工具】，然后输入文本。

22 输入推荐页名称

选择【横排文字工具】，然后输入当前推荐页内容的名称。这里可以观察到，文本和背景混淆在一起，所以我们需要进行一些效果的处理来凸显文本。

23 制作效果

选择推荐模版的矩形图层，然后给它添加一个【渐变叠加】图层样式。这里可以明显观察到推荐页名称被突显出来了，这是实际使用中常用的一种方法，制作方法简单，效果也很好。

24 绘制模版样式

选择左模版，然后给它添加一个【投影】图层样式。

25 绘制模版信息部分

选择【矩形工具】，然后在圆角矩形下方绘制一个白色矩形，让它们底部对齐，接着按组合键Ctrl+Alt+G将其创建为剪贴蒙版。这个矩形的大小是通过计算需要的高度后得出的，不能任意绘制，因为在之后绘制其他模版时都需要同样的大小。

26 添加图像

打开【制作主界面素材.psd】文件，移动图像至当前文档中，将其放置于圆角矩形和白色矩形之间，

27 添加分割线

选择【矩形工具】，绘制一个黑色矩形，将其放置于白色矩形的中间。

28 制作效果

选择黑色矩形，然后给它添加一个【渐变叠加】图层样式。这里不给出颜色值，自己把握。

29 添加文本

选择【横排文字工具】，添加上内容标题的文本。注意记录文字的位置，之后的模版需要保持一致。

30 添加图标

打开【制作主界面素材.psd】文件，添加上点赞和收藏的图标。

31 添加文本

选择【横排文字工具】，然后分别在点赞和收藏图标后添加上各自的文本。

32 绘制右模版

使用同样的方法绘制出右边的模版，这里注意，虽然模版的大小不同，但是底部的文字信息区域必须保持一致性。

33 添加播放图标

打开【制作主界面素材.psd】文件，在推荐模版图像的右下角，添加上播放图标，以提示用户单击此处可进行播放操作。图标的位置需要设置并记录。

34 制作效果

选择播放图标，然后给它添加一个【投影】图层样式。这是一个小技巧，好处在于当你使用白色图标时，不论背景处于什么情况下，都可以让播放按钮在背景中凸显出来。

35 复制播放图标

选择播放图标将其复制两次，然后分别将复制出的图标放置于左模版和右模版中，位置需要保持一致。

36 添加状态栏

打开【制作主界面素材.psd】文件，然后添加上状态栏的图标，接着显示标签栏，本案例制作完成。

6.3 热门界面

热门界面是根据最高关注度而存在的界面，用户在此界面上可以看到各个分内容中点击率最高的内容，所以界面布局需要更加规整。

- 制作热门界面

源文件路径

CH06>制作热门界面>制作热门界面.psd

素材路径

CH06>制作热门界面>制作热门界面素材.psd

尺寸规范

750px×1334px

案例

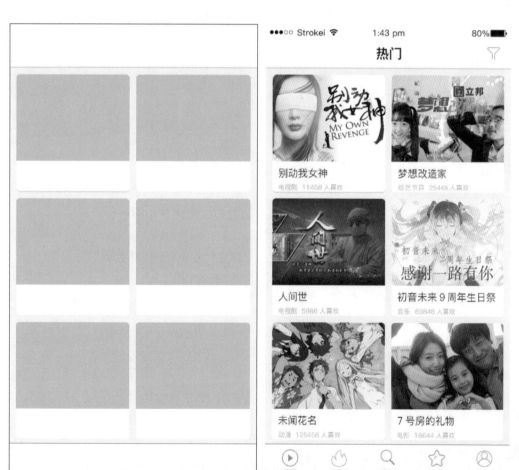

（扫码观看视频）

01 新建文档

执行【文件】>【新建】命令，在打开的【新建】对话框中设置参数，然后单击【确定】按钮，新建一个文档。

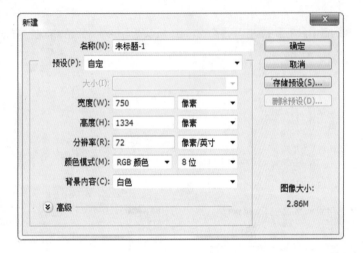

02 制作背景

设置前景色为（R242，G242，B242），然后按组合键Alt+Delete填充前景色。

03 绘制导航栏

选择【矩形工具】，然后在画布的顶部绘制一个750px×128px的白色矩形。

04 绘制标签栏

选择【矩形工具】，然后在画布的底部绘制一个750px×98px的白色矩形。这里主要是利用这两个矩形了解一个界面整体的布局。

05 绘制导航栏深边效果

选择【矩形工具】，然后在画布上单击鼠标，新建一个矩形，将它移动至导航栏的下边缘（处于矩形内部位置）。

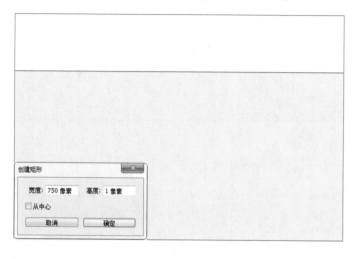

06 绘制标签栏深边效果

选择【矩形工具】，然后在画布上单击鼠标，新建一个矩形，将它移动至标签栏的上边缘（处于矩形内部位置）。

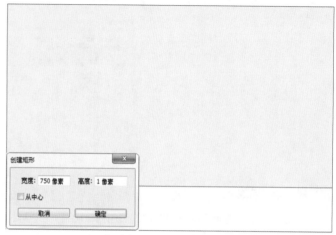

07 添加图标

打开【制作热门界面素材.psd】文件，然后使用【移动工具】，移动标签栏图标至合适位置。这里注意一定要使用标尺和各种对齐的工具或命令。

08 绘制文字

选择【横排文字工具】，然后在画布上输入文本。文本的对齐方法为水平方向采用标尺，具体位置可以同时选中图标和对应的文字，再使用【水平居中对齐】命令进行处理。

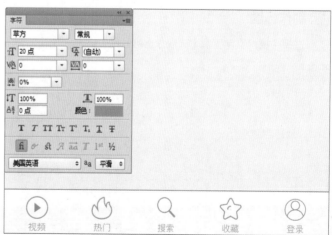

09 制作选中效果

选择热门图标，然后给它添加【颜色叠加】图层样式，颜色为（R94，G204，B204）。

10 制作文字效果

选择热门文字图层，然后改变它的颜色为（R94，G204，B204），这里对它的选中效果就制作完成了。

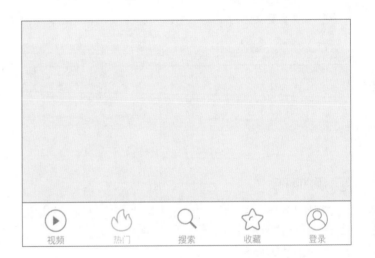

11 制作标题

选择【横排文字工具】，制作出标题的效果。

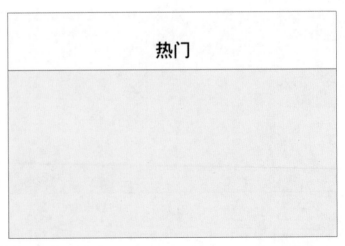

12 添加图标

打开【制作热门界面素材.psd】文件，移动筛选图标至当前文档中。

13 绘制模版

选择【圆角矩形工具】，然后在画布上单击鼠标，新建一个圆角矩形，注意调整圆角矩形的位置，与上边和左边的距离都是20px。

14 添加投影

选择圆角矩形模版，然后给它添加一个【投影】图层样式。

15 绘制模版信息部分

选择【矩形工具】，然后圆角矩形下方绘制一个白色矩形，让它们底部对齐，接着按组合键Ctrl+Alt+G将其创建为剪贴蒙版。

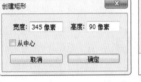

16 添加图像

打开【制作热门界面素材.psd】文件，然后将图像放置于圆角矩形和白色矩形中间。

17 输入文本

选择【横排文字工具】，然后在模版上输入文本，注意位置的记录。

18 输入文本

选择【横排文字工具】，然后在模版上输入文本，注意位置的记录。这里因为需要凸显的内容不同，所以文本的大小和颜色都不一致，并且不用使用分割线。

19 制作其他模版

将当前模版复制几次，然后更改复制模板的图像和文字的内容即可创建出其他模版，注意间距的控制。

20 添加状态栏

打开【制作热门界面素材.psd】文件，将状态栏移动至当前文档中，本案例制作完成。

6.4 筛选界面

筛选界面主要是用于帮助用户筛选一些喜欢的内容并过滤掉不需要的内容，所以界面分类必须明确高效，操作也需要更加便利，让用户了解每个区域的功能。

● 制作筛选界面

源文件路径

CH06>制作筛选界面>制作筛选界面.psd

素材路径

CH06>制作筛选界面>制作筛选界面素材.psd

尺寸规范

750px×1334px

案例

（扫码观看视频）

01 新建文档

执行【文件】>【新建】命令，在打开的【新建】对话框中设置参数，然后单击【确定】按钮，新建一个文档。

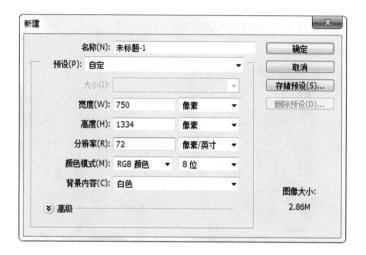

02 制作背景

设置前景色为（R242，G242，B242），然后按组合键Alt+Delete填充前景色。

03 绘制导航栏

选择【矩形工具】，然后在画布的顶部绘制一个750px×128px的白色矩形。

04 绘制深边

选择【矩形工具】，然后在画布上单击鼠标，新建一个矩形。

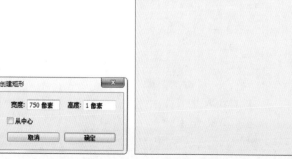

05 添加标题

选择【横排文字工具】，然后在画布上输入标题的文本。

06 绘制完成按钮

选择【横排文字工具】，然后在画布上输入完成的文本，颜色为（R94, G204, B204）。

07 绘制模块一标题

选择【横排文字工具】，然后在画布上输入模块一的标题，颜色为（R143, G143, B146）。

08 绘制模块一模版

选择【矩形工具】，然后在画布上单击鼠标，新建一个矩形。

09 绘制深边

选择【矩形工具】，然后在画布的上下边缘内侧绘制出深边的效果。

10 添加图标

打开【制作筛选界面素材.psd】文件，然后将图标依次移动至合适的位置，图标的位置需要保持美观性。图标最好的对齐方法为中心对齐，此方法在设计时非常常用。

11 添加文字

选择【横排文字工具】，然后将各图标的名称分别输入。这里可以观察到，内容的上方留白和下方留白是保持等距的，图标和文字的上下之间也是保持等距的。

12 制作选中效果

选择搞笑和综艺图标，接着执行【颜色叠加】命令，颜色为（R94，G204，B204）。

13 改变文本颜色

选择搞笑和综艺文本，然后改变其颜色为（R94，G204，B204）。

14 绘制模块二标题

选择【横排文字工具】，然后在画布上输入模块二的标题，颜色为（R143，G143，B146）。

15 绘制模块二模版

选择【矩形工具】，然后在画布上单击鼠标，新建一个矩形。

16 绘制深边

选择【矩形工具】，然后在画布的上下边缘内侧绘制出深边的效果。

17 添加图标

　　打开【制作筛选界面素材.psd】文件，然后将图标依次移动至合适的位置。

18 添加文字

　　选择【横排文字工具】，然后将各图标的名称分别输入。

19 制作选中效果

　　选择播放量图标，接着执行【颜色叠加】命令，颜色为（R94，G204，B204）。

20 改变文本颜色

　　选择播放量文本，然后改变其颜色为（R94，G204，B204）。

绘制模块三标题

选择【横排文字工具】，然后在画布上输入模块三的标题，颜色为（R143，G143，B146）。

制作模块三

模块三的内容因为会被标签栏挡住，所以这里直接将模块一复制过来，然后调换一下图标位置就行了。

筛选		完成
常用频道		
电影	电视剧	搞笑
动漫	综艺	直播
排序方式		
点赞量	收藏量	播放量
所有频道		

筛选		完成
常用频道		
电影	电视剧	搞笑
动漫	综艺	直播
排序方式		
点赞量	收藏量	播放量
所有频道		
电影	电视剧	动漫
搞笑	综艺	直播

23 绘制标签栏矩形

选择【矩形工具】，然后在画布的最下方绘制一个白色矩形，改变为黄色以便观察效果。

筛选		完成
常用频道		
电影	电视剧	搞笑
动漫	综艺	直播
排序方式		
点赞量	收藏量	播放量
所有频道		
电影	电视剧	动漫

24 制作深边效果

选择【矩形工具】，然后在画布上单击鼠标，新建一个矩形，作为标签栏的深边。

筛选		完成
常用频道		
电影	电视剧	搞笑
动漫	综艺	直播
排序方式		
点赞量	收藏量	播放量
所有频道		
电影	电视剧	动漫

新建清空筛选按钮

选择【横排文字工具】，然后在矩形的正中输入清空筛选的文本，颜色为（R204，G94，B94）。

创建状态栏

打开【制作筛选界面素材.psd】文件，然后将状态栏的图标移动至当前文档中，本案例制作完成。

7

电商 App

电商APP不同界面详细制作流程

7.1 主界面

本章开始学习制作电商类App的各种界面，下面展示一下电商类App的各个界面效果。

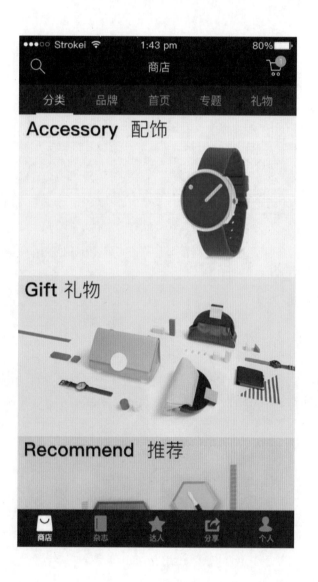

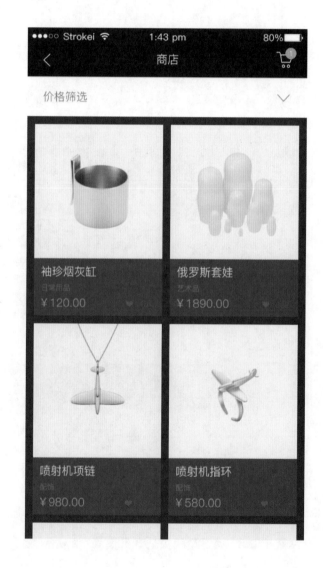

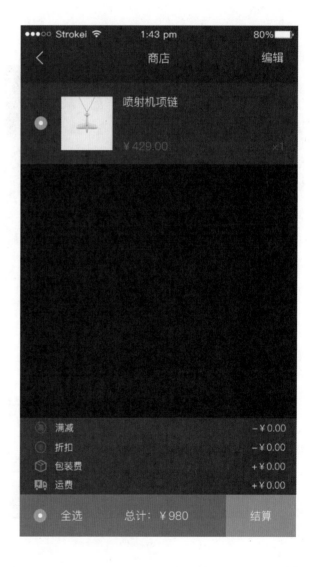

● 制作主界面

源文件路径

CH07>制作主界面>制作主界面.psd

素材路径   尺寸规范

CH07>制作主界面>制作主界面素材.psd   750px×1334px

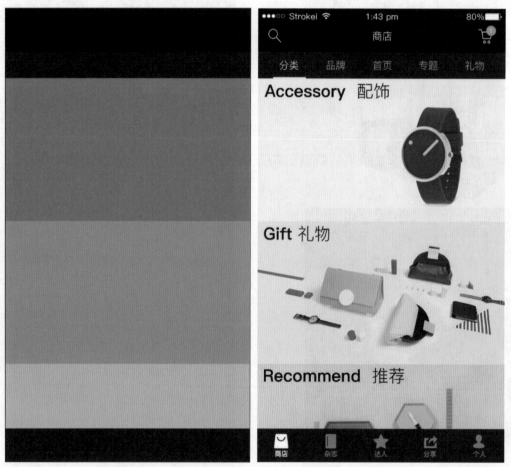

案例

〔扫码观看视频〕

01 新建文档

执行【文件】>【新建】命令，在打开的【新建】对话框中设置参数，然后单击【确定】按钮，新建一个文档。

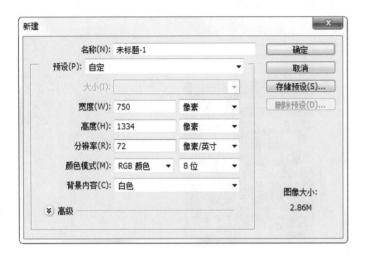

02 制作矩形

选择【矩形工具】，然后在画布上单击鼠标，新建一个矩形。

03 添加标题

选择【横排文字工具】，然后在画布上输入标题。

04 添加图标

打开【制作主界面素材.psd】文件，然后将搜索和购物车图标添加到当前文档中。

05 绘制圆形

选择【椭圆工具】，然后在画布上单击鼠标，新建一个圆形，颜色为（R111，G152，B195）。

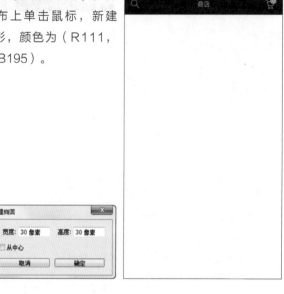

06 绘制文本

选择【横排文字工具】，然后在圆形的正中添加上文本，制作购买的数量。

07 绘制矩形

选择【矩形工具】，然后在顶部矩形的下面绘制一个矩形，颜色为（R28，G28，B28）。

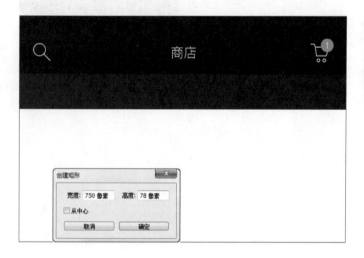

08 添加文本

选择【横排文字工具】，然后在画布上输入分类标题，颜色为（R160，G160，B160），这里注意控制间距。

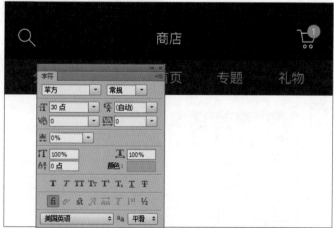

09 改变文本颜色

选择分类文本, 然后将其颜色改为白色, 作为选中的效果。

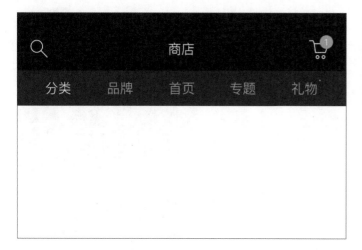

10 添加选中标识

选择【矩形工具】, 然后在画布上单击鼠标, 新建一个白色矩形, 并放置在分类选项的下面, 作为选中标识。

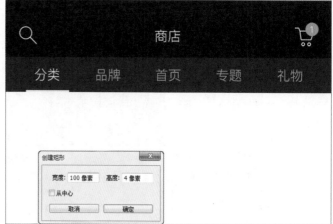

11 绘制矩形

选择【矩形工具】, 然后在画布上单击鼠标, 紧接着上面的矩形新建一个矩形。

12 添加矩形

选择【矩形工具】, 然后在画布上单击鼠标, 紧接着上面的矩形新建一个矩形。

13 添加矩形

选择【矩形工具】，然后在画布上单击鼠标，紧接着上面的矩形新建一个矩形。

14 添加图像

打开【制作主界面素材.psd】文件，然后将图像放置于各个矩形的上面，图像大小需要调整至一致。

15 添加剩下图像

打开【制作主界面素材.psd】文件，然后将剩下的图像分别添加至各个矩形上面。

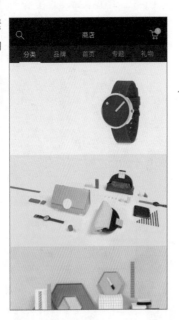

16 绘制文本

选择【横排文字工具】，然后添加首个板块标题的文本。

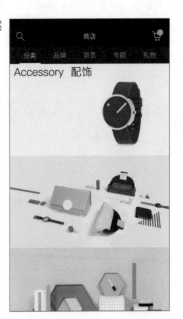

17 添加标题效果

将文本的英文部分选中，然后更改它的【字体样式】为【特粗】。

18 添加其他文本

使用同样的方法，然后添加上其他的文本。

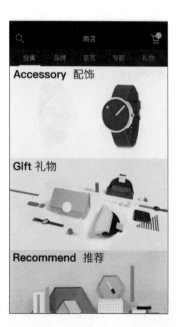

19 制作标签栏

选择【矩形工具】，然后在画布上单击鼠标，新建一个矩形。

20 添加图标

打开【制作主界面素材.psd】文件，然后将各个图标移动至当前文档中。

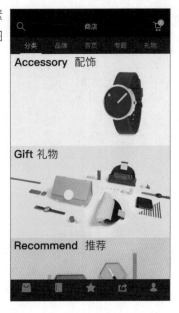

21 添加文本

选择【横排文字工具】，然后在画布上为各个图标分别添加上文本。

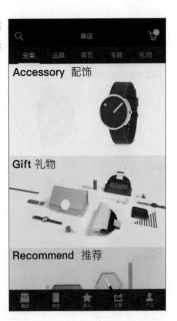

22 制作图标选中效果

选择商店图标，然后为它添加【颜色叠加】图层样式，颜色为白色。

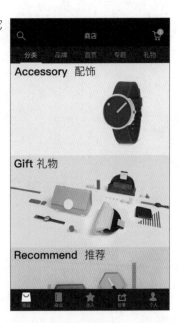

23　改变文字颜色

选择商店文本，然后改变它的颜色为白色。

24　添加状态栏

打开【制作主界面素材.psd】文件，然后将状态栏移动至当前文档中，本案例制作完成。

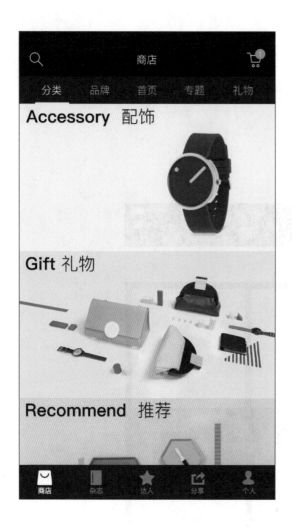

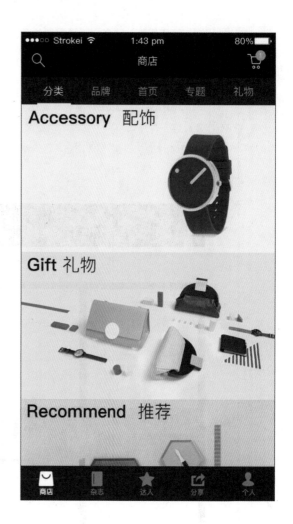

7.2 商店界面

本节学习制作商店界面，商店界面最重要的在于对商品的陈列需要更加合理和人性化。

● 制作商店界面

源文件路径

CH07>制作商店界面>制作商店界面.psd

素材路径   尺寸规范

CH07>制作商店界面>制作商店界面素材.psd   750px×1334px

案例

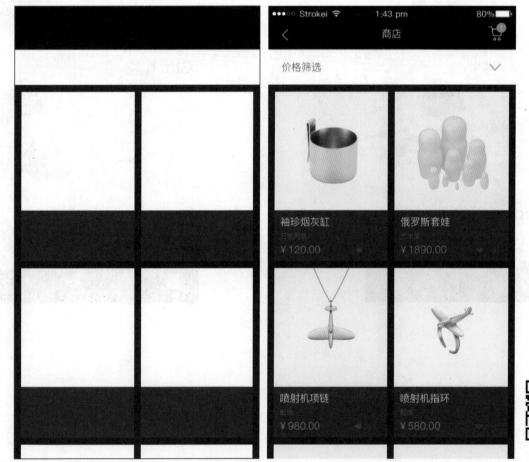

〔扫码观看视频〕

01 新建文档

执行【文件】>【新建】命令，在打开的【新建】对话框中设置参数，然后单击【确定】按钮，新建一个文档。

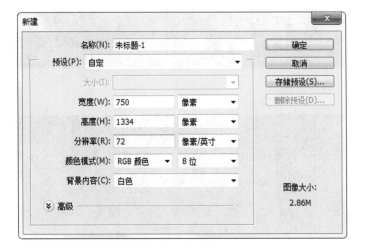

02 制作背景

设置前景色为（R30，G33，B37），然后按组合键Alt+Delete填充前景色。

03 绘制矩形

选择【矩形工具】，然后在画布上单击鼠标，新建一个矩形，颜色为黑色，这里为了观察效果将其改变为白色。

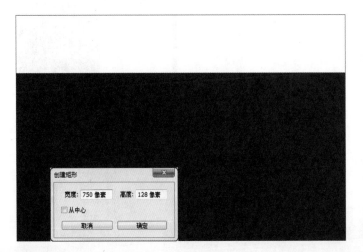

04 绘制矩形

选择【矩形工具】，紧接着黑色矩形新建一个白色矩形。

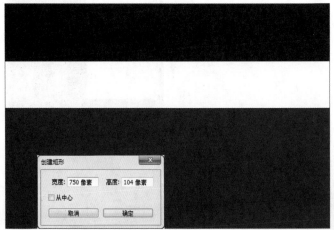

05 绘制价格筛选文本

选择【横排文字工具】，然后在画布上输入文本。

06 添加下拉图标

打开【制作商店界面素材.psd】文件，然后将下拉图标移动至当前文档中。

07 绘制矩形

选择【矩形工具】，在画布上单击鼠标，新建一个白色矩形。

08 绘制矩形

选择【矩形工具】，在画布上单击鼠标，新建一个灰色矩形。

09 添加图像

打开【制作商店界面素材.psd】文件，然后添加图像至当前文档中。

10 添加商品标题文本

选择【横排文字工具】，然后在画布上输入商品标题文本。

11 添加商品价格文本

选择【横排文字工具】，然后在画布上输入商品价格文本。

12 制作心形图标

选择【自定义形状工具】，然后在画布上绘制一个心形图案。

13 制作心形文本

选择【横排文字工具】，制作出点赞的文本。

14 制作模版

使用同样的方法，制作出其他模版。

15 添加内容

打开【制作商店界面素材.psd】文件，然后添加内容至其他模版。

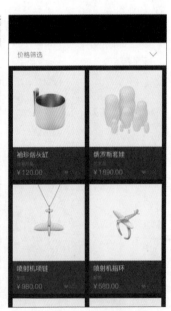

16 添加标题文本

选择【横排文字工具】，在画布上输入商店标题的文本。

17 添加图标

打开【制作商店界面素材.psd】文件,然后添加返回和购物车图标至当前文档中。

18 绘制圆形

选择【椭圆工具】,然后绘制一个圆形。

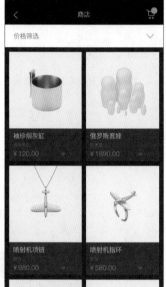

19 添加购买数量

选择【横排文字工具】,然后在圆形的内部输入购买数量的文本。

20 添加状态栏

打开【制作商店界面素材.psd】文件,然后将状态栏移动至当前文档中,本案例制作完成。

7.3 商品界面

本节学习如何来制作商品界面，商品界面的设计要求用户能在界面中找到所有重要的信息，因此重点是对文字的设计。

● 制作商品界面

源文件路径

CH07>制作商品界面>制作商品界面.psd

素材路径   尺寸规范

CH07>制作商品界面>制作商品界面素材.psd   750px×1334px

案例

（扫码观看视频）

01 新建文档

执行【文件】>【新建】命令，在打开的【新建】对话框中设置参数，然后单击【确定】按钮，新建一个文档。

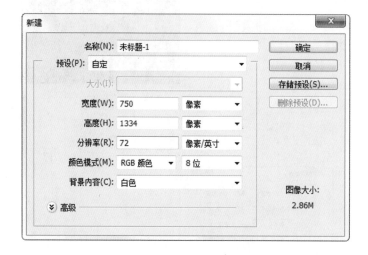

02 绘制矩形

选择【矩形工具】，然后在画布上单击鼠标，创建一个矩形，颜色为（R30，G33，B37）。

03 添加图标

打开【制作商品界面素材.psd】文件，然后移动返回和购物车图标至当前文档中。

04 绘制圆形

选择【椭圆工具】，然后在画布上单击鼠标，新建一个圆形，颜色为（R111，G152，B195）。

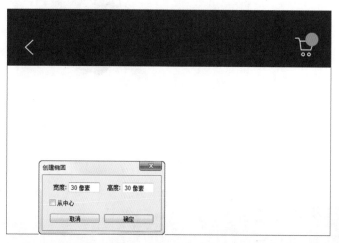

05 添加文本

选择【横排文字工具】，在圆形上添加已购买商品数量的文本。

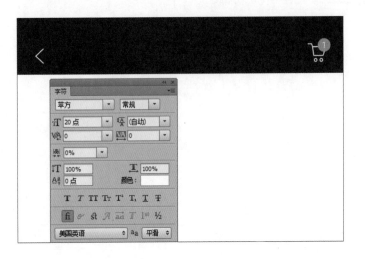

06 绘制模版

选择【矩形工具】，然后在画布上单击鼠标，新建一个矩形，颜色为红色。

07 添加图像

打开【制作商品界面素材.psd】文件，然后移动图像至当前文档中。

08 绘制矩形

选择【矩形工具】，然后在画布上单击鼠标，新建一个矩形，颜色为（R30，G33，B37），矩形紧接着上面的模版。

09 制作圆形

选择【椭圆工具】，然后在画布上绘制白色圆形，再按组合键Ctrl+J将其多复制几次。

10 制作效果

选择其中一个圆形，然后改变它的颜色为（R111，G152，B195），这里对它的选中效果就制作完成了。

11 制作商品品牌

选择【横排文字工具】，制作出商品品牌的文本。

12 制作商品名称

选择【横排文字工具】，制作出商品名称的文本。

13 制作商品价格

选择【横排文字工具】，制作出商品价格的文本，颜色为（R111，G152，B195）。

14 添加喜欢量图标

选择【自定义形状工具】，然后绘制一个心形图标，颜色为（R230，G0，B18）。

15 添加点赞量文本

选择【横排文字工具】，然后制作点赞量的文本，颜色为（R230，G0，B18）。

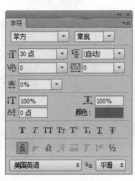

16 添加分享图标

打开【制作商品界面素材.psd】文件，添加分享图标至当前文档中。

17 添加图标

打开【制作商品界面素材】文件，添加快递和正品图标至当前文档中。

18 输入文本

选择【横排文字工具】，然后在画布上输入文本，颜色为（R79，G79，B79）。

19 绘制矩形

选择【矩形工具】，然后在画布上单击鼠标，在画布左下角新建一个矩形，颜色为（R27，G74，B107）。

20 添加客服图标

打开【制作商品界面素材.psd】文件，添加客服图标到当前文档中。

21 绘制矩形

选择【矩形工具】，然后在画布上单击鼠标，在画布左下角新建一个矩形，颜色为（R58，G102，B142）。

22 绘制加入购物车文本

选择【横排文字工具】，然后在画布上输入加入购物车的文本。

23 绘制矩形

选择【矩形工具】，然后在画布上单击鼠标，在画布右下角新建一个矩形，颜色为（R111，G152，B195）。

24 绘制立即购买文本

　　选择【横排文字工具】，然后在画布上输入立即购买的文本。

25 绘制矩形

　　选择【矩形工具】，然后在画布上单击鼠标，创建一个矩形，颜色为（R44，G47，B52）。

26 添加图标

　　打开【制作商品界面素材.psd】文件，然后添加勾选图标到当前文档中。

27 添加文本

　　选择【横排文字工具】，然后在画布上输入文本。

28 添加打开按钮

打开【制作商品界面素材.psd】文件，移动添加打开按钮到当前文档中。

29 添加状态栏

打开【制作商品界面素材.psd】文件，然后将状态栏移动至当前文档中，本案例制作完成。

7.4 购物车界面

本节学习如何制作购物车界面，在实际中结合App的特色制作出一个易于支付和查看的界面非常关键。

● 制作购物车界面

源文件路径

CH07>制作购物车界面>制作购物车界面.psd

素材路径 尺寸规范

CH07>制作购物车界面>制作购物车界面素材.psd 750px×1334px

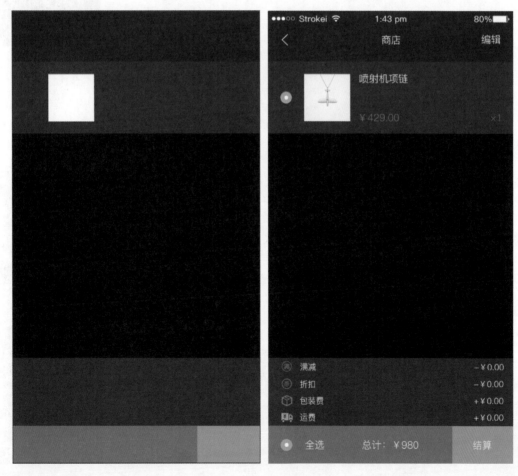

01 新建文档

执行【文件】>【新建】命令,在打开的【新建】对话框中设置参数,然后单击【确定】按钮,新建一个文档。

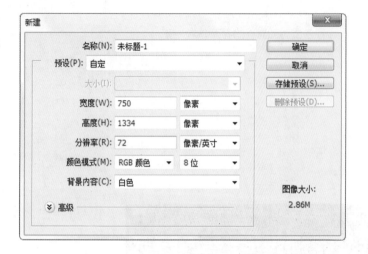

02 制作背景

设置前景色为黑色,然后按组合键Alt+Delete填充前景色。

03 绘制矩形

选择【矩形工具】,然后在画布上单击鼠标,新建一个矩形,颜色为(R26,G26,B26),这里为了观察效果将其颜色改变为红色。

04 添加文本

选择【横排文字工具】,然后在画布上输入商店标题的文本。

05 添加返回图标

打开【制作购物车界面素材.psd】文件,添加返回图标至当前文档中。

06 添加编辑文本

选择【横排文字工具】,然后在画布上输入编辑的文本。

07 绘制矩形

选择【矩形工具】,然后紧接着上面的矩形绘制一个新的矩形,颜色为(R31,G36,B41)。

08 绘制圆形

选择【椭圆工具】,然后在画布上单击鼠标,新建一个圆形。

09 绘制圆形

选择【椭圆工具】，然后在圆形内部绘制一个圆形。

10 绘制矩形

选择【矩形工具】，然后在画布上单击鼠标，新建一个矩形。

11 添加图像

打开【制作购物车界面素材.psd】文件，然后移动图像至当前文档中。

12 制作商品名称文本

选择【横排文字工具】，然后在画布上输入商品名称的文本。

13 制作商品价格文本

选择【横排文字工具】，然后在画布上输入商品价格的文本，颜色为（R71，G94，B118）。

14 制作数量文本

选择【横排文字工具】，然后在画布上输入数量的文本，颜色为（R227，G28，B28）。

15 绘制矩形

选择【矩形工具】，然后在画布上单击鼠标，新建一个矩形，颜色为（R43，G84，B122）。

16 制作圆形

选择【椭圆工具】，然后在矩形的左边绘制一个圆形，颜色为（R111，G151，B194）。

17 添加图标

选择【椭圆工具】，然后在圆形的内部绘制一个圆形，这个圆形要和上面的选中按钮保持一致。

18 添加文本

选择【横排文字工具】，然后在画布上添加全选的文本。

19 添加价格文本

选择【横排文字工具】，然后在画布上添加价格的文本。

20 制作矩形

选择【矩形工具】，然后在画布上单击鼠标，新建一个矩形，颜色为（R89，G133，B173）。

21 添加文本

选择【横排文字工具】，然后在画布上输入结算的文本。

22 制作矩形

选择【矩形工具】，然后在画布中单击鼠标，新建一个矩形，颜色为（R36，G38，B41）。

23 添加图标

打开【制作购物车界面素材.psd】文件，然后将各个图标移动至当前文档中。

24 添加图标名称文本

选择【横排文字工具】，然后在图标旁边输入图标名称的文本。

25 输入金额文本

选择【横排文字工具】，然后在图标后面分别输入金额的文本。

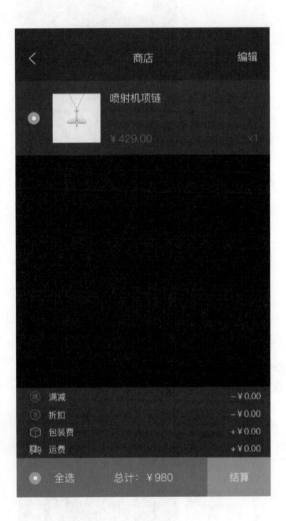

26 创建状态栏

打开【制作购物车界面素材.psd】文件，然后将状态栏移动至当前文档中，本案例制作完成。

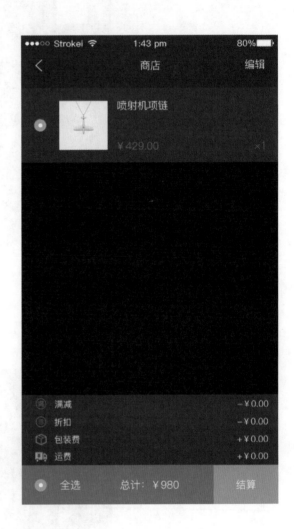

8

社交 App

社交APP不同界面详细制作流程

8.1 个人界面

本章开始学习制作社交类App的界面，读者可以优先观看App设计原型图以观察出社交类App的各种特点。

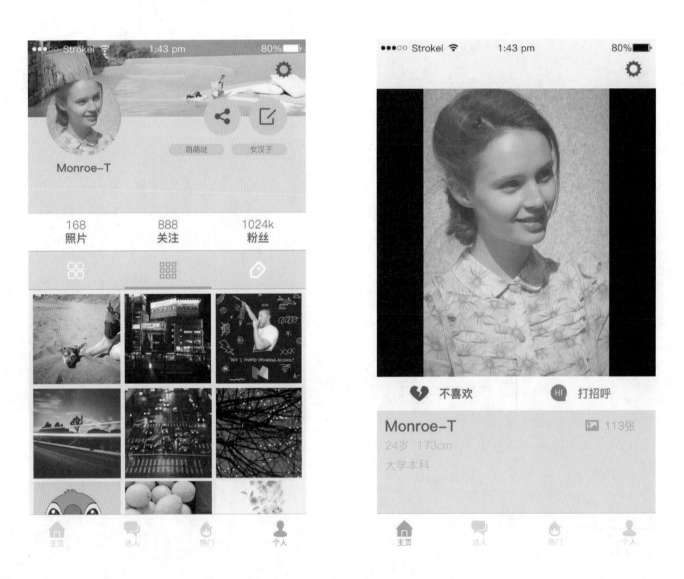

在制作个人界面时，首先需要设计出整体的模版，然后再根据模版进行内容的添加。

● 制作个人界面

源文件路径

CH08>制作个人界面>制作个人界面.psd

素材路径 尺寸规范

CH08>制作个人界面>制作个人界面素材.psd 750px×1334px

案例

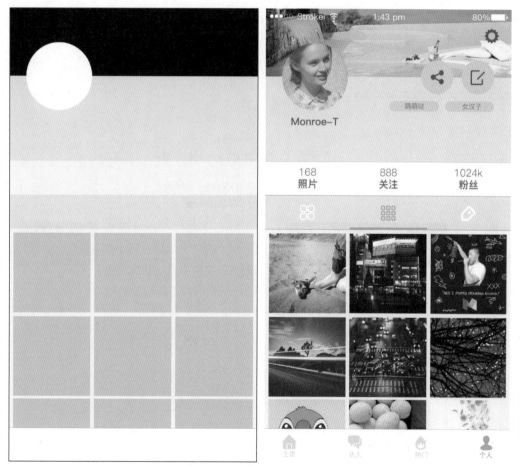

（扫码观看视频）

01 新建文档

执行【文件】>【新建】命令，在打开的【新建】对话框中设置参数，然后单击【确定】按钮，新建一个文档。

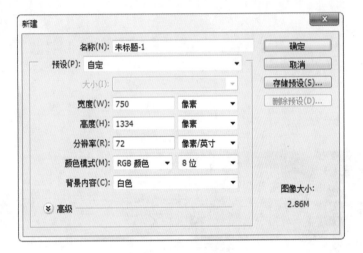

02 制作背景

设置前景色为（R242，G242，B242），然后为背景填充前景色。

03 绘制矩形

选择【矩形工具】，然后在画布上单击鼠标，新建一个矩形。

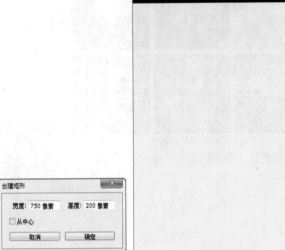

04 添加照片

打开【制作个人界面素材.psd】文件，然后将照片添加到当前文档中，接着按组合键Ctrl+Alt+G将其创建为剪贴蒙板。

05 绘制矩形

选择【矩形工具】，然后在画布单击鼠标，新建一个矩形，颜色为（R220，G220，B220）。

06 添加图标

打开【制作个人界面素材.psd】文件，然后将设置图标移动至当前文档中。

07 绘制圆形

选择【椭圆工具】，然后画布上单击鼠标，创建一个圆形。

08 添加照片

打开【制作个人界面素材.psd】文件，然后将照片添加到当前文档中，并移动到合适位置。

09 创建蒙板

按组合键Ctrl+Alt+G将其作为剪贴蒙板作用于下面的圆形。

10 添加名称文本

选择【横排文字工具】，然后添加用户名称的文本。

11 绘制圆形

选择【椭圆工具】，然后在画布上单击鼠标，新建一个圆形，颜色为（R201，G201，B201）。

12 复制圆形

选择圆形，然后按组合键Ctrl+J将其复制一次，接着将其向右移动。

13 添加图标

打开【制作个人界面素材.psd】文件，然后移动分享和编写图标至当前文档中。

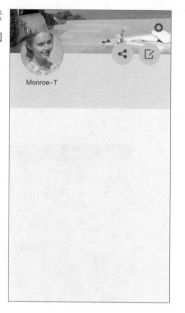

14 添加标签图标

选择【圆角矩形工具】，然后在画布上绘制两个圆角矩形。

15 添加标签文本

选择【横排文字工具】，然后在画布上添加上标签的文本。

16 绘制矩形

选择【矩形工具】，然后在画布上单击鼠标，紧接着灰色矩形绘制一个白色矩形。

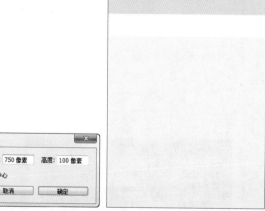

17 绘制深边效果

选择【矩形工具】，然后在白色矩形的上下方绘制出深边的效果。

18 添加文本

选择【横排文字工具】，然后在画布上输入文本。

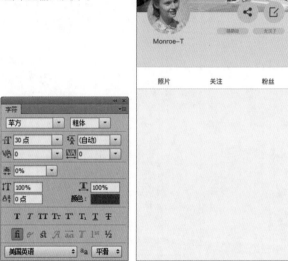

19 添加数字文本

选择【横排文字工具】，然后在画布上输入数字的文本。

20 绘制矩形

选择【矩形工具】，然后在画布上单击鼠标，创建一个矩形，颜色为（R220，G220，B220）。

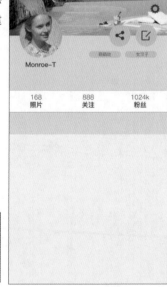

21 制作深边

选择【矩形工具】，然后在画布上单击鼠标，创建一个矩形。

22 添加图标

打开【制作个人界面素材.psd】文件，然后将相应图标移动至当前文档中。

23 制作选中效果

选择照片墙图标，然后为它添加【颜色叠加】图层样式，颜色为（R95，G164，B195）。

24 制作矩形

选择【矩形工具】，然后在画布上单击鼠标，创建一个矩形，颜色为（R95，G164，B195）。

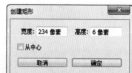

25 制作矩形

选择【矩形工具】，然后在画布上单击鼠标，创建一个矩形。

26 复制矩形

选择灰色矩形，然后按组合键Ctrl+J将其复制几次。

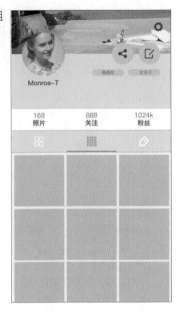

27 添加照片

选择【制作个人界面素材.psd】文件，然后移动一张照片至当前文档中，接着按组合键Ctrl+Alt+G将其创建为剪贴蒙版。

28 添加剩下照片

使用同样的方法，添加其他照片到当前文档中。

29 绘制矩形

选择【矩形工具】，然后在画布上单击鼠标，新建一个白色矩形。

30 制作深边效果

选择【矩形工具】，然后为白色矩形制作深边效果。

31 添加图标

打开【制作个人界面素材.psd】文件，然后在标签栏中添加图标。

32 添加文本

选择【横排文字工具】，然后在画布中输入相应图标的文本。

33 制作选中效果

　　选择个人图标，然后为它添加【渐变叠加】图层样式，颜色为（R95，G164，B195），接着选择个人文本，然后改变它的颜色为（R95，G164，B195）。

34 添加状态栏

　　打开【制作个人界面素材.psd】文件，然后将状态栏移动到当前文档中，本案例制作完成。

8.2 主界面

在制作主界面时，首先需要设计好主界面的样式，让内容可以在用户看到第一眼时就清晰明了，让用户知道如何操作。

● 制作主界面

源文件路径

CH08>制作主界面>制作主界面.psd

素材路径   尺寸规范

CH08>制作主界面>制作主界面素材.psd   750px×1334px

案例

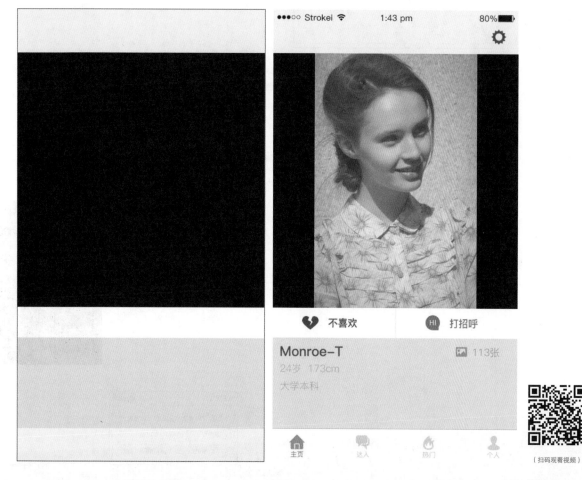

01 新建文档

执行【文件】>【新建】命令，在打开的【新建】对话框中
设置参数，然后单击【确定】按钮，新建一个文档。

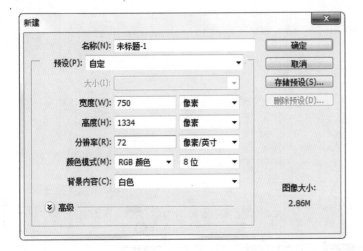

02 制作背景

设置前景色为（R242，
G242，B242），然后为背景
填充前景色。

03 添加图标

打开【制作主界面素
材.psd】文件，然后将设置图
标移动至当前文档中。

04 绘制矩形

选择【矩形工具】，然后
在画布上单击鼠标，创建一个
黑色矩形。

05 添加照片

打开【制作主界面.psd】文件，然后移动照片到当前文档中。

06 绘制矩形

选择【矩形工具】，然后在画布上单击鼠标，在黑色矩形下面创建一个白色矩形。

07 绘制深边

选择【矩形工具】，然后在画布上单击鼠标，在白色矩形边缘绘制一个深边效果。

08 制作分界线

选择【矩形工具】，然后在画布上单击鼠标，在白色矩形中间绘制一个分界线。

09 添加不喜欢图标

打开【制作主界面素材.psd】文件，然后添加不喜欢图标到当前文档中。

10 添加名称

选择【横排文字工具】，然后添加不喜欢图标的文本。

11 添加打招呼图标

打开【制作主界面素材.psd】文件，然后添加打招呼图标到当前文档中。

12 改变颜色

选择打招呼图标，然后为它添加【颜色叠加】图层样式，颜色为（R252，G82，B84）。

13 添加打招呼文本

选择【横排文字工具】，然后添加打招呼图标的文本。

14 绘制矩形

选择【矩形工具】，然后在画布上单击鼠标，创建一个新的矩形。

15 添加用户名称文本

选择【横排文字工具】，然后在画布上添加用户名称的文本。

16 添加照片图标

打开【制作主界面素材.psd】文件，然后在画布上添加照片图标。

17 改变图标颜色

选择照片图标，然后为它添加【颜色叠加】图层样式，颜色为（R95，G164，B195）。

18 添加文本

选择【横排文字工具】，然后在画布上输入照片数量的文本，颜色为（R95，G164，B195）。

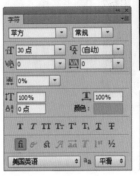

19 添加年龄、身高文本

选择【横排文字工具】，然后在画布上输入年龄和身高的文本，颜色为（R170，G170，B170）。

20 添加学历文本

选择【横排文字工具】，然后在画布上输入学历的文本，颜色为（R170，G170，B170）。

21 绘制矩形

选择【矩形工具】，然后在画布上单击鼠标，新建一个白色矩形。

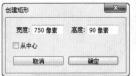

22 制作深边效果

选择【矩形工具】，然后为白色矩形制作深边效果。

23 添加图标

打开【制作主界面.psd】文件，然后在标签栏中添加图标。

24 添加文本

选择【横排文字工具】，然后在画布输入相应图标的文本。

25 制作选中效果

选择个人图标，然后为它添加【渐变叠加】图层样式，颜色为（R95，G164，B195），接着选择个人文本，然后改变它的颜色为（R95，G164，B195）。

26 添加状态栏

打开【制作主界面素材.psd】文件，然后将状态栏移动到当前文档中，本案例制作完成。

附录

 # 网站资源共享

在我们提升自己审美的时候，就一定要多去看各种成熟的作品，这个时候就不一定是要看App相关的作品，只要是与设计相关的都可以去多看看。设计是想通的，如果能更好地结合不同设计的特点，可以让你的设计作品更出彩。

Behance

Behance是一个非常成功的设计网站，它包含了许多设计领域的案例，包括交互设计、动态图像设计、图形设计、工业设计、摄影、用户界面设计、网页设计等。

Bpando

Bpando是一个精品品牌设计的网站，包含很多案例，内容覆盖了各种成熟的作品，包含了大多数的设计领域。

设计师网站导航

这是一个导航类网站，在上面你几乎可以找到与设计相关的一切网站。

B 图标资源共享

这里推荐几个比较方便实用的图标设计类网站。

阿里巴巴矢量图标库

在这里可以下载各式各样的图标，并且每个图标都可以自行选择大小、颜色和格式。

iOS Icon Gallery

iOS Icon Gallery收录了大量上架的App图标，而且包含各种尺寸预览，是一个很好的参考网站，这个网站通过颜色、类型对图标进行了分类。

C 图片资源共享

这里分享一些较好的图片资源网站，对于设计师来说，有了好的素材，几乎就完成了作品的一半。

CUPCAKE

CUPCAKE提供了非常多的精美图片，而且分辨率非常高，全部都可以免费下载。

花瓣网

花瓣网提供了非常多的好看图片，几乎包括了所有种类的美图，功能类似于只有图片的百度。可以将这些图片用于作品的参考，不过大多数图片的分辨率较低，很难作为素材进行使用，它不过是一个寻找灵感的好地方。

D App设计禁忌

一个完整的App项目中，一般都会有几十个甚至是上百个界面。如果没有一个规范的设计，那么在设计过程中很容易产生一些细微的差别，经常会出现控件不一致的问题，如果一直埋头苦干做界面，不注意这些细节，界面做得越多错误就越多，到时候需要修改的界面也会越来越多，这样不仅拉长了项目时间，也浪费了更多的时间在修改上。

按钮形状不统一

　　按钮形状不统一会导致整个App界面非常的不规范，看起来很杂乱，没有一个良好的视觉效果。

　　从视觉上就可以看出，随意设置的按钮明显可以看出视觉效果非常的杂乱，而具有规范形状的按钮让整个界面明显有了统一和规范的感觉。

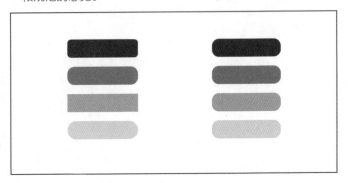

字号不规范

　　在设计时，一定要注意字体的层次问题，尽量少用太多接近的字号，但也不能随意地进行设置。下面介绍一种较好的布局设置用作参考，当然这只是仅供参考，字号没有绝对的布局方案，需要根据具体产品的具体情况来设置。

標准字 – 苹方　　36px

标准字 – 苹方　　32px

标准字 – 苹方　　30px

标准字 – 苹方　　28px

标准字 – 苹方　24px

标准字 – 苹方　22px

间距不统一

　　在设计过程中，间距这个因素经常会被一些新人忽视，间距能表明内容之间的层级和从属关系，一个凌乱复杂的间距会对用户的认知造成很大的困扰。因此，最好将间距当作与色彩、字体和字号等一样的元素来设计。一个界面中能用5种间距就不要用6种，能用3种间距就不要用4种，这是一个需要做减法的设计原则。

01 50PX
02 24PX
03 36PX
04 11PX
05 22PX
06 14PX
07 93PX

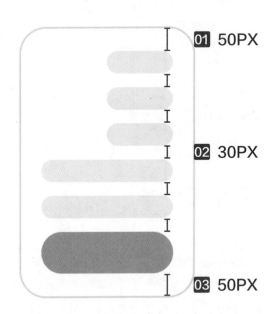

01 50PX
02 30PX
03 50PX